《兵典丛书》编写组
编著

导弹

MISSILES

哈尔滨出版社
HARBIN PUBLISHING HOUSE

图书在版编目（CIP）数据

导弹：千里之外的雷霆之击 /《兵典丛书》编写组
编著. —哈尔滨：哈尔滨出版社，2017.4（2021.3重印）
（兵典丛书：典藏版）
ISBN 978-7-5484-3130-5

Ⅰ. ①导… Ⅱ. ①兵… Ⅲ. ①导弹–普及读物 Ⅳ.
①E927-49

中国版本图书馆CIP数据核字（2017）第024883号

书　　　名：导弹——千里之外的雷霆之击
DAODAN——QIANLIZHIWAI DE LEITING ZHI JI

作　　　者：《兵典丛书》编写组　编著
责任编辑：陈春林　李金秋
责任审校：李　战
全案策划：品众文化
全案设计：琥珀视觉

出版发行：哈尔滨出版社（Harbin Publishing House）
社　　　址：哈尔滨市香坊区泰山路82-9号　　邮编：150090
经　　　销：全国新华书店
印　　　刷：铭泰达印刷有限公司
网　　　址：www.hrbcbs.com　　www.mifengniao.com
E－mail：hrbcbs@yeah.net
编辑版权热线：（0451）87900271　87900272
销售热线：（0451）87900202　87900203

开　　　本：787mm×1092mm　1/16　印张：17　字数：200千字
版　　　次：2017年4月第1版
印　　　次：2021年3月第2次印刷
书　　　号：ISBN 978-7-5484-3130-5
定　　　价：49.80元

凡购本社图书发现印装错误，请与本社印制部联系调换。
服务热线：（0451）87900278

导弹是"导向性飞弹"的简称，是一种依靠制导系统来控制飞行轨迹的可以攻击指定目标，甚至追踪活动目标的自动飞行武器。其任务是把战斗部装药在打击目标附近引爆并毁伤目标，或在没有战斗部的情况下依靠自身动能直接撞击目标，以达到毁伤效果。简言之，导弹是一种依靠自身动力装置推进，由制导系统导引、控制其飞行路线，并射向目标的武器。

现代军事较量中，导弹作为现代高技术兵器之一，占据着举足轻重的地位，在多次局部战争中独领风骚。其拥有杀伤力大、打击目标精准、多功能、高效率难防御等众多优点，成为军事打击的宠儿。纵观世界经济与军事力量格局的历史演进，各国为了巩固国防力量，加强对外威慑，都为导弹的研制与开发投入了巨大的人力和物力。有军事专家声称，现在的军事对抗已经进入"导弹世纪"。

威力巨大的导弹，与中国还有起始之缘。导弹的横空出世，与火药和火箭的发明密切相关。中国的四大发明闻名世界，黑火药作为其中之一，浸满了中国劳动人民的智慧和汗水。秦汉炼丹师以身试药，从无数次惨痛的爆炸中得到感悟；三国的聪明技师马钧，发明"爆仗"成为鞭炮的始祖；唐代将士用投石机投掷火药包以烧伤敌军，成为原始的火炮；宋代更是开创了枪炮的先河，将火药装填在竹筒里，火药背后扎有细小的"定向棒"，点燃火管上的火硝，引起筒里的火药迅速燃烧，产生向前的推力，使之飞向敌阵爆炸，这成为世界上第一种火药火箭。

中国是火箭的故乡，火箭这个名称最早出现在三国时期。公元220年，魏国将士用火把绑在箭上，射向敌军，被称为火箭。火箭也在其最初的应用中表现出了非凡的实战威力。

总而言之，中国的古代发明对导弹的问世作出了积极的贡献。

自火药问世后，经历过多种形态，最终至近代演变成为现代火箭，效力于第二次世界大战的纳粹德国。二战前的德国，火箭技术处于世界领先地位。1933年，德国火箭专家多恩伯格和布劳恩一起领导的火箭研制组着手研制两种火箭，一种是外形酷似飞机的飞航式火箭，另一种是飞行轨迹为抛物线型的弹道式火箭。

1937年冬季，他们进行火箭的飞行试验。点火命令下达后，当火箭缓缓离开发射架升到几百米高空时，火箭发动机突然熄火，很快就坠入大海，试验失败。但是，失败并没有让布劳恩等人丧失信心，经过艰苦的努力，终于在1942年10月13日成功地把改进后的A-4火箭送上了蓝天。A-4火箭后来被命名为V-2导弹。

两个月后，布劳恩等人研制的另外一种飞航式火箭获得成功。这种火箭被命名为V-1导弹。就这样，世界上第一枚弹道式导弹和第一枚飞航式导弹，于1942年年底相继在德国诞生。

第二次世界大战后，导弹成为各国军事研究所的重要研发对象。各国从德国的V-1、V-2导弹在第二次世界大战的作战使用中，意识到导弹对未来战争的作用。美、苏、瑞士、瑞典等国在战后不久，恢复了自己在第二次世界大战期间已经进行的导弹理论研究与试验活动。英、法两国也分别于1948年和1949年重新开始导弹的研究工作。

自20世纪50年代初起，导弹开始大规模发展，出现了一大批中远程液体弹道导弹及多种战术导弹，各国相继装备了部队。20世纪60年代初到70年代中期，由于科学技术的进步和现代战争的需要，导弹进入了改进性能、提高质量的全面发展时期。20世纪70年代中期以来，导弹更是进入了全面更新阶段。

导弹武器的问世，改变了现代战争的作战样式。在中东战争、海湾战争、科索沃战争等局部战争中，反舰导弹和巡航导弹取得了令人瞩目的作战效果，一再证明导弹武器的强大威力，在全球范围内掀起新一轮的"导弹发展热潮"。

直到21世纪初的今天，导弹家族已经拥有了众多成员，全世界各国研制的导弹型号已经达到800多个，一些发展中国家相继加入了自行研制导弹国家行列，由少数大国垄断导弹发展的局面已经打破，导弹开发速度日渐加快，新型号的平均研制周期已从以往的8～10年，缩短为5～7年。

现如今，人类已经迈入一个崭新的世纪，但是战争的乌云仍然笼罩着我们这个蓝色星球的许多角落。局部战争此起彼伏，导弹武器总是在各个战场上扮演着杀手的角色，甚至影响着战争的进程和结构。导弹的技术与部署更是成为各国军事实力的重要体现。可以说，导弹的问世，为世界的军事文化写上了辉煌的一笔。

《导弹——千里之外的雷霆之击》是"兵典丛书"中了解和记录各类经典导弹的一个分册。通过这部书我们会对导弹有更多的了解。这不是一部一般的科普读物，而是一部导弹家族的"明星"列传。从庞大的导弹家族中，我们精心选择了各类导弹中最为经典、最有代表性、最具影响力的导弹，讲述了各类导弹的专业知识与历史演变，各型号导弹的设计建造、性能特点、参战经历、著名战役等，多角度、全方位解读导弹。希望能以这样的方式在最大程度上展现导弹家族的惊世传奇。

第三章　　**潜射导弹——水下的神秘杀手**

第四章　　**舰舰导弹——碧海刺客**

第五章　　**岸舰导弹——海岸神箭**

第六章　巡航导弹——长途奔袭的精准杀手

第七章　地空导弹——蓝天卫士

战事回响

第一章
地对地战略弹道导弹
战场上的王道

🐎 沙场点兵：战略性的威慑与打击

所谓地对地弹道式战略导弹，是指从地面包括地下井或机动运载工具上发射的按弹道轨迹飞行的射程大于约1000千米以上，打击地面目标的导弹。按动力装置的不同，它们又可区分为液体导弹和固体导弹两种类型。由于其通常携带核弹头，射程远，速度快，命中精度高，杀伤破坏威力大，故而平时是一种强大的威慑力量，在现代军事装备中占有特殊的地位，战时用来打击敌方政治经济中心、军事和工业基地、核武器库、交通枢纽等重要战略目标，能发挥巨大作用。

弹道导弹具有如下主要特点：一是通常采用垂直发射，导弹平稳、缓慢上升，有利于缩短导弹在稠密大气层中的飞行时间；二是导弹沿着一条预定的弹道飞行，攻击固定目标；三是导弹绝大部分弹道在稠密大气层以外，故动力装置只能使用火箭发动机；四是弹头再入稠密大气层时，速度大，空气动力加热剧烈，故须采用有效的防热措施；五是导弹飞行姿态的修正，须借助推力方向的调节或改变喷管内排出气流的方向来实现。作为高技术武器的弹道导弹，通过制导系统，达到能按预定弹道飞行，并准确实施打击目标的目的。

🐎 兵器传奇：二战的产物，航天技术的基础

第二次世界大战后到20世纪50年代初，导弹处于早期发展阶段。各国从德国的V-1、V-2导弹在第二次世界大战的作战使用中，意识到导弹对未来战争的作用。美、苏、瑞士、瑞典等国在战后不久，恢复了自己在第二次世界大战期间已经进行的导弹理论研究与试验活动。英、法两国也分别于1948和1949年重新开始导弹的研究工作。自20世纪50年代初起，导弹得到了大规模的发展，出现了一大批中远程液体弹道导弹及多种战术导弹，各国相继装备了部队。1953年美国在朝鲜战场曾

★二战时期的德国V-1导弹

使用过电视遥控导弹。但这时期的导弹命中精度低、结构质量大、可靠性差、造价昂贵。20世纪60年代初到70年代中期，由于科学技术的进步和现代战争的需要，导弹进入了改进性能、提高质量的全面发展时期。战略弹道导弹采用了较高精度的惯性器件，使用了可贮存的自燃液体推进剂和固体推进剂，采用地下井发射和潜艇发射，发展了集束式多弹头和分导式多弹头，大大提高了导弹的性能。巡航导弹采用了惯性制导、惯性-地形匹配制导和电视制导及红外制导等末端制导技

★苏联SS-6洲际导弹

术，采用效率高的涡轮风扇喷气发动机和威力高的小型核弹头，大大提高了巡航导弹的作战能力。战术导弹采用了无线电制导、红外制导、激光制导和惯性制导，发射方式也发展为车载、机载、舰载等多种，提高了导弹的命中精度、生存能力、机动能力、低空作战性能和抗干扰能力。

20世纪70年代中期以来，导弹进入了全面更新阶段。为提高战略导弹的生存能力，一些国家着手研究小型单弹头陆基机动战略导弹和大型多弹头铁路机动战略导弹，增大潜地导弹的射程，加强战略巡航导弹的研制。发展应用"高级惯性参考球"制导系统，进一步提高导弹的命中精度，研制机动式多弹头。以陆基洲际弹道导弹为例，从1957年8月21日苏联发射了世界第一枚SS-6洲际弹道导弹以来，世界上一些大国共研制了20多种型号的陆基洲际弹道导弹。50多年来经历了3个发展阶段。在此期间，战术导弹的发展出现了大范围更新换代的新局面。其中几种以攻击活动目标为主的导弹，如反舰导弹、反坦克导弹和反飞机导弹，发展更为迅速，约占20世纪70年代以来装备和研制的各类战术导弹的80%以上。

导弹自第二次世界大战问世以来，受到了各国的普遍重视，得到了快速发展。导弹的

使用，使战争的突然性和破坏性增大，规模和范围扩大，进程加快，从而改变了过去常规战争的时空观念，给现代战争的战略战术带来了巨大而深远的影响。导弹技术是现代科学技术的高度集成，它的发展既依赖于科学与工业技术的进步，同时又推动科学技术的发展，因而导弹技术水平成为衡量一个国家军事实力的重要标志之一。

另外，导弹技术还是发展航天技术的基础。自1957年10月4日苏联发射了世界上第一颗人造地球卫星以来，世界各国已研制成功150余种运载火箭，共进行了4000余次航天发射活动。以运载火箭为主要支撑的航天技术已发展成为一种新兴高技术产业，它是人类对外层空间环境和资源的高级经营，是一项开拓比地球大得多的新疆域的综合技术，它不仅为人类利用开发太空资源提供了技术保障，而且还为人类现代文明的信息、材料和能源3大支柱作出了开拓性贡献，给世界各国带来了巨大的政治、社会与经济效益。因此，当今世界的航天技术领域已成为各技术先进的大国角逐的重要领域。

★美国"雷神"运载火箭

综观世界各国航天技术的发展史，几乎都是与液体弹道导弹技术的发展紧密相关的。苏联发射的世界上第一颗人造地球卫星的运载火箭，是由SS-6液体洲际弹道导弹改装成的，以后又在此基础上逐步发展了"东方"号、"联盟"号和"能源"号等运载火箭，在航天活动中取得了巨大成功；美国发射第一颗人造地球卫星的运载火箭，也是以"红石"液体弹道导弹为基础改制成的，以后又在"雷神"、"宇宙神"、"大力神"等液体弹道导弹的基础上发展了"雷神"、"宇宙神"、"大力神"、"德尔塔"等系列运载火箭。西欧诸国早期联合研制的"欧洲"号火箭，也是以英国的"蓝光"液体弹道导弹为基础，直到20世纪80年代又发展研制成功"阿里安"系列运载火箭。

慧眼鉴兵：长途飞行的制导武器

地对地弹道式战略导弹是发展最迅速的一类导弹。它具有弹体庞大、外形简单、射程远、速度快、精度高、威力大等特点。早期的地对地弹道式战略导弹综合使用了无线电指令和惯性制导方式，这种方式不尽如人意，尤其是无线电指令制导系统易遭外界干扰或破坏。美苏两国在早期的导弹计划中都采用全惯性制导系统来提高命中精度和可靠性。如今，洲际弹道导弹大都采用复合制导方式，即惯性制导、GPS制导和地形匹配制导等。

后助推飞行器是地对地弹道式战略导弹上分导式再入飞行器的运载器，又称分导式再入飞行器母舱。它也能用于运载诱饵、干扰物和其他突防装置。后助推飞行器可以在再入飞行器释放出来沿无动力的弹道飞向预定目标前为其增加一定的射程。携载弹头飞向预定目标的容器就是再入飞行器。目前洲际弹道导弹可以携带10个或者更多的再入飞行器，打击分布广泛的目标。因此，再入飞行器的数量越多，每枚导弹所能打击的目标也就越多。

地对地弹道式战略导弹的弹头一般都是核弹头。地对地弹道式战略导弹问世后，核聚变弹头进一步发展，使弹头进一步小型化，并便于使用多弹头。弹头抗核辐射效应的能力更强，结构上也得到加固，可以承受地面冲击力，从而导致人们研制出用于摧毁特别坚固目标的钻地弹头。但是弹道导弹的弹头并不一定是热核弹头，甚至不一定是核弹头。随着导弹命中精度的提高，弹道导弹也可能携带精确制导和摧毁面状目标的常规弹药。

地对地弹道式战略导弹发射后可以区分成下列三个飞行阶段：

1.推进加速阶段：从火箭发动机点火开始，飞行时间3~5分钟不等（固态燃料火箭的推进加速阶段短于液态燃料火箭），本阶段结束时导弹一般处于距地面150到400千米的高度（依选择的弹道不同而变化），燃料烧尽时的速度通常为7千米/秒。

2.中途阶段（亚轨道飞行阶段）：本阶段约25分钟，其间洲际弹道导弹主要在大气层外沿着椭圆轨道作亚轨道飞行，轨道的远地点距地面约1200千米，椭圆轨道的半长轴长度为0.5~1倍地球半径，飞行轨道在地球表面的投影接近大圆线（之所以是"接近"而非"重合"是由于飞行期间地球本身自转造成的偏移）。在本阶段携带多弹头重返大气层，载具或者是分导式多弹头的洲际弹道导弹会释放出携带的子弹头，以及金属气球、铝箔干扰丝和全尺寸诱饵弹头等各种电子对抗装置，以欺骗敌方雷达。

3.再入大气层阶段：从距地面100千米开始计算，飞行时间约两分钟，撞击地面时的速度可高达4千米/秒（早期的洲际弹道导弹小于1千米/秒）。

世界最早的弹道导弹
——V-2火箭

◉ V-2火箭：弹道导弹开山鼻祖

　　我们回忆第二次世界大战，如果选出最让人瞠目结舌，最让人心惊胆寒的武器，那非V-2火箭莫属。正是德国的V-2火箭曾给英国和比利时带来巨大的灾难，而英国人眼睁睁看着自己的首都伦敦被炸，竟然不知V-2为何物？

　　第一次世界大战结束后，《凡尔赛条约》对德国拥有大炮的数量和规格都有限制。1942年10月，希特勒的目的可就不那么简单了。当德国国防军在东线和北非战场开始失利之后，最初还有点迟疑不决的希特勒终于下决心要研制"特殊武器"。

　　V-2火箭起始于A系列火箭的研究，由德国导弹先驱冯·布劳恩主持，是1936年后在佩内明德新建的火箭研究中心的重点项目。A系列火箭经过许多新的改进，性能大大提高。是世界上第一种实用的弹道导弹。"V"来源于德文"Vergeltung"，意即报复手段，这是纳粹在遭到盟军集中轰炸后表示要进行报复的意思。V-1和V-2表示这两种型号仅仅是整个系列的恐怖武器的先驱。

　　V-2工程一出，希特勒立即下令成立研制小组，冯·布劳恩成为了这个科研小组的负责人。与此同时，德国空军也在精心部署一项研制飞行炸弹V-1的计划。但这种武器并不十分令人满意：飞行速度太慢，飞行高度太低，躲不过盟军飞机的拦截。总之，不是希特勒所希望的能为他夺取胜利的"神奇武器"。所以冯·布劳恩率领的科研小组继续研究新型武器。这就是"复仇武器2号"——V-2。这是一种恐怖的武器，可以昼夜不停地袭击目标，以打垮对手并摧毁对手。

　　V-2火箭的研制工厂位于德国中部的哈尔茨山，这里有一个在地下60米处挖掘的坑道网，潮湿、腐烂引起的恶臭弥漫在地狱般的坑道里。近2万法国人、比利时人、苏联人和波兰人就葬身于此。他们多半是犹太人，被纳粹从布痕瓦尔德集中营押送到这里。饥饿、疾病、苦役和肉体上的折磨夺去了他们的生命。

　　经过几年的研究和试验，希特勒于1943年10月下令

★阿道夫·希特勒

★希特勒时期恐怖的死亡工厂

制造1.2万枚V-2火箭。就是从这时候开始，关押在集中营里的6万多名犯人被德国当做战争奴隶开始了在秘密军工厂里做苦役的艰难岁月。

由于佩内明德1943年8月被英国皇家空军的轰炸机夷为平地，德国打算建造新的秘密军工厂，专门制造V-2火箭。厂址选在远离边境，但是靠近布痕瓦尔德的哈尔茨山。

V-2计划由德国党卫队负责实施。犯人们每天劳动12个小时，用两个月的时间挖掘了两条两千米长、200米宽的地下通道。两条通道之间有43个衔接点。这就是"死亡工厂"。

速度极快：航天发展史上的里程碑

V-2是单级液体火箭，全长约14米，重达13吨，最大射程为320千米，射高96千米，弹头重1吨。V-2采用较先进的程序和陀螺双重控制系统，推力方向由耐高温石墨舵片操纵执行。V-2在工程技术上实现了宇航先驱的技术设想，对现代大型火箭的发展起了承上启下的作用。成为航天发展史上一个重要的里程碑。

火箭由液体火箭发动机推动，燃烧工质为液氧和甲醇。发射时火箭先垂直上升到24～29千米高，然后按照弹上陀螺仪的控制，在喷口燃气舵的作用下以40度的倾角弹道上升，也可由地面控制站向弹上接收机发射无线电指令控制。一分钟后，火箭已飞到48千米

★V-2导弹性能参数★

结构：一体式液态火箭	**离陆时推力：**27000千克力
弹长：约14米	**最大飞行高度：**约为100千米
弹径：约1.7米	**最大飞行速度：**4.8马赫
弹重：1000千克	**圆概率误差：**1000米以上
离陆时质量：12800～13000千克	

的高度，速度已达每小时5796千米。此时，无线电指令控制系统指令关闭发动机，火箭靠惯性继续上升到97千米的高度，然后以每小时大约3542千米的速度大致沿一抛物线自由下落，击中目标。由于当时制导系统的精度有限，误差较大。

从推进方式上看，以乙醇与液态氧当做燃料，两种燃料则会以一定比例通过管线引入燃烧室点火推进。管线特别设置在燃烧室壁旁，目的在于冷却降温，以免发生燃烧室过热甚至融化的状况。在V-2火箭的尾端，亦安置了被称为燃气舵的金属板，主要是为了改变气流，诱导火箭朝正确的方向前进，也可以用来改变火箭前进的路线。

导引方式则是传统的惯性导引：当火箭点火后，液态燃料推进器将会以一定的速度把V-2推送到一定高度，待燃料烧完之后，导弹大多会在抛物线的顶点（80～100千米）。接着便会因惯性沿着抛物线继续射向目标。然而这也意味着命中准度常会因气流、天气不佳等因素而大减；虽然后期的V-2引用了电波导引方式，但是圆概率误差亦高达千米。

由于弹道导弹在终端的速度极快（约4马赫以上），远超过当时同盟国空防反应的所需时速，因此防不胜防。基本上当时英军只能靠声音与雷达约略测量预估弹道后，在导弹尚未击中目标前，以高射炮发射高爆弹药射击弹道企图进行拦截。另外，在二战中V-2也广泛采用迷彩涂装，以避免被空军辨识而遭到空袭，在二战末期更全面采用橄榄绿作为迷彩。不过在试验中，V-2则是用黑白相间的涂装作为标识。

◎ 德军秘密武器：世界第一枚大型火箭导弹

V-2火箭是一种全新的远程武器，德国从1944年秋开始向伦敦发射这种武器。V-2火箭是在佩内明德研究中心的冯·布劳恩博士带领下研制的，是世界第一枚大型火箭导弹；与V-1不同的是，由于它速度极快，并由于它是穿过大气层飞抵目标的，所以，一经发射，便无法截击。唯一的防御办法就是搜索并破坏其发射场地。

　　德国的火箭采用液体燃料，必须要用油罐车或其他载油的车辆为其提供保障，但在最初，是想把它设计成一种机动的发射系统。火箭要先放在拖车上，由牵引车拉到发射场地，任何较平坦的地面均可作为发射场地。拖车可将火箭升成垂直状态，以便火箭从一个简单的发射平台上发射出去，此外还特别注意了躲避敌机的攻击。

　　例如，落在伦敦的火箭中，有一些就是从设置在荷兰海牙附近塞纳尔城的林荫道间的发射台发射出去的，这些林荫道可谓绝妙的天然隐蔽场所。这种约14米的火箭在加入乙醇和液氧并经过检查之后，由炮兵连连长在一辆酷似坦克的装甲车内，通过一条与火箭相连的电缆将之发射。

　　V-2工程的目标是扩大容积和承载重量，以容纳自控、导航系统和战斗部。1942年10月3日，V-2试验成功，年底定型投产。从投产到德国战败前，德国共制造了6000枚V-2，其中4300枚用于袭击英国和荷兰。

　　1943年初，按盟国情报人员的情报，盟国发现这一计划，并由对佩内明德的空中侦查得到证实。1943年8月17日夜，英国皇家空军对佩内明德进行了一次著名的大规模空袭，毁伤了V-2的地面设施。为预防再次出现8月17日的灾难，纳粹将V-2工厂迁到了德国山区的山洞工厂，这个过程耽误了预期的火箭攻势。

　　1944年6月13日V-1开始攻击伦敦，9月份第一枚V-2落到伦敦。火箭攻击造成了严重的

★V-2导弹的发射场面

★德国佩内明德火箭研究中心复制的V-2火箭

平民伤亡和财产损失。如果之前对登陆部队集结地进行集中攻击而不是伦敦的话，即如艾森豪威尔将军所说，盟国将遭到难以克服的困难。对伦敦的攻击都是在上午7至9时，中午12至2时，晚上6至7时交通高峰期进行的，企图动摇和摧毁英国的民心士气。可是，对经过1940年空袭的英国人民，在全面胜利已如此接近时，这种新的恐怖算不了什么。在诺曼底前线的英国士兵更尽了最大努力用最快速度向威胁他们家庭的火箭发射地挺进。

1944年1月，V-2火箭开始投入生产，但是每个火箭有2.2万个零件，组装起来很费时间。犯人们都已经筋疲力尽、虚弱不堪了。另外还必须把每个重达1吨的弹头运送到一年前在法国英吉利海峡沿岸建好的发射地。9月5日进行了第一次发射试验。三天后德军开始轰炸英国的伦敦和诺里奇，然后又轰炸了比利时的安特卫普。轰炸中使用了1539枚V-2火箭（已经制造出6000枚），它们袭击目标的准确性虽然很令人失望，但是火箭发射的巨大冲击波和爆炸前几秒钟特有的刺耳的呼啸声着实引起了轰炸地老百姓不小的恐慌。德国纳粹的狂轰滥炸使近1万平民丧生，受伤人数还要多一倍。不过，对纳粹来说，一切都已经太晚了。"复仇武器2号"也不能挽救他们失败的命运。1945年3月，V-2被迫停产，哈尔茨山体下工厂的部分设备被撤走。4月11日美国士兵发现了这座秘密工厂。一名军官在报告中写道："一进去我们就看到尸横遍地，瘦得皮包骨的犯人们饿死在地上。"美国士兵总共抬出约3000具尸体。另外，他们还没有忽视堆在坑道中的军事设备，带走了100多枚组装好的完整的V-2火箭。冯·布劳恩5月2日向盟军投降。他透露了V-2火箭的全部秘密，然后用自己的知识为美国效劳。因意外获得这些材料而大喜过望的美国人便对冯·布劳恩的过去睁一只眼，闭一只眼，利用他的本事开始了征服宇宙空间的探索。

导弹之魔
——俄罗斯SS-18"撒旦"导弹

⊘ "撒旦"导弹：冷战之下应运而生

　　一切武器都来源于对抗，SS-18是两个社会阵营对抗的升级版。20世纪60年代中期，冷战开始进入白热化阶段，这时在"确保相互摧毁"的战略思想指导下，美苏两国将拥有完全摧毁对方的能力作为遏制战争的前提，因而开始了全面的核武器军备竞赛。因此，美苏部署了大量战略导弹，同时，两国又开始考虑自身核武器的安全性，开始发展射程更远、当量更大、分导式弹头更多的地下发射井式的导弹核武器。20世纪60年代，民兵导弹的部署和改进使美国在武器竞赛中占据了先机，这在冷战的严酷气氛中是决不允许的。于是苏联在20世纪60年代末开始发展第四代导弹SS-18。

　　在SS-18诞生前，苏联战略核武器的主体是SS-9，一种专门用来打击美国洲际弹道导弹发射井的重型导弹，在当时也是"巨无霸"。该导弹运载能力巨大，装载了当时世界上最大的10兆吨级当量的核弹头，而且它还是世界上首型轨道型导弹，可将弹头送到地球轨

★ "撒旦"导弹系列

★正在进行军事演习的"撒旦"SS-18重型导弹

道上进行运转，随时对地面发动核攻击。这是苏联历史上第一种对美国洲际弹道导弹构成实际威胁的武器。但由于地面发射系统复杂，导致发射井抗摧毁能力较差，而且作战反应时间长、服役期短，因此其实用性不强，只能是纯粹的战略威慑武器。在其服役不到4年的1969年9月，苏联最高部长会议作出了研制其后继型SS-18导弹的决定。

SS-18是世界上个头儿最大的导弹，该型导弹无论外形尺寸还是威力，在世界上都可以说是首屈一指，难怪它在冷战时期一问世，北约就将其称做"撒旦"（恶魔），从中我们不难听出"畏而敬之"之意。

◎ 逆走天元：复仇恶魔迎击还击

SS-18至今仍是世界上最大的现役导弹，也是俄罗斯导弹技术的换代之作，因此其具备了很多第四代战略导弹的技术和战略思想特点。

SS-18本身就是为打击发射井等加固目标而设计的，因此一开始就将大威力作为目标。在导弹设计中，注重了导弹的巨大推力，其有效载荷接近9吨，这一能力即使是今天的运载火箭也少有能及。巨大的推力使其可以携带更大、更多的核弹头，SS-18单弹头达到了2000万～2500万吨TNT当量，而美国投在广岛的原子弹威力也只不过1.5万

★SS-18"撒旦"导弹性能参数★

弹长： 33米	**发射方式：** 二节推进；液态燃料；冷射
弹径： 3米	**导引系统：** 惯性
射程：（一型）6480海里（12000千米）	**弹头：**（一型）1枚2500万吨
（二型）5940海里（11000千米）	（二型）8或10枚50万吨
（三型）8640海里（16000千米）	（三型）1枚2000万吨
（四型）5940海里（11000千米）	（四型）10枚55万吨
发射重量： 78000千克	**圆概率误差：** 260米
投掷重量： 7575千克	

吨，其相当于1600多个广岛原子弹。其多弹头型导弹可以携带10个500千吨当量的子弹头，而美国1986年才服役的"和平卫士"导弹携带的是10个475千吨当量的子弹头，现在唯一的陆基洲际弹道导弹"民兵-3"携带的是3个335千吨当量的子弹头。单从威力上看，能和它相比的只有其前身SS-9，在可以预见的未来，它很可能会成为绝无仅有的导弹"巨无霸"。

自打击效率高的美国"和平卫士"导弹退役后，SS-18成为世界上唯一的有10个分导式弹头的陆基弹道导弹。分导式弹头与集束式弹头的无法自主打击目标不同，能够分别打击各自的目标，也就是说以一当十，1枚导弹可完成10枚导弹的打击任务。而且，SS-18在发展到IV型时，其精度已经达到350米以内，而同期的"民兵-3"导弹的精度在370米以上。作为核武器，SS-18的打击精度在今天仍不落后，这使其具有很强的打击硬目标的能力，被认为是良好的第一次打击武器。此外，由于该导弹子弹头多，可以很容易饱和攻击敌人的弹道导弹防御系统，因此最终在敌人阵地上空幸存的弹头比例也会较高。据美国防务专家估计，如果苏联对美国发动第一次打击，用部署的SS-18就足以摧毁美国65%～80%陆基洲际导弹发射井（两个核弹头打击一个地下井），而且还能保留1000枚SS-18导弹弹头来打击美国的其他目标。因此其较高的精度加上分导式的弹头，使它成为了今天打击效率最高的导弹之一。

SS-18在阵地建设中非常重视抗核打击能力。苏联从1974年开始将SS-18部署在升级的SS-9的掩体中。由于SS-9采用热发射，发射井下面和周围都建有排烟道，这大大降低了发射井的抗压强度。而SS-18采用类似潜射导弹的地下井冷发射，因此将排烟道的空间浇铸上了水泥，缩小了发射井的直径，显著提高了发射井的抗压强度。SS-18的发射井筒深39米，直径5.9米。这些发射井在20世纪80年代初期被再度改良，已可承受每平方厘米365千克以上的压力。同期美国民兵导弹发射井的抗压强度只有每平方厘米175千

★SS-18 "撒旦" 导弹的发射一瞬

克。此外，为抗近距离核爆打击，SS-18的弹上和阵地电子设备都经过抗核爆电磁脉冲加固，使其具有很强的反击作战能力。

导弹推力大的另一个好处就是保证了导弹较大的射程。为了扩大导弹射程，SS-18在设计中主要采用两项新技术。一是采用冷发射。SS-18装在玻璃钢制成的运输-发射筒中，然后再部署在发射井内。导弹发射时由安装在运输-发射筒底部的燃气发生器将导弹推出发射筒，一级主发动机在导弹出井后点火起动。这使导弹不需要耗费自身的燃料而度过了最费燃料的起飞阶段。二是导弹采用了燃料耗尽关机技术，充分应用了所带燃料，提高了燃料使用效率。此外，运输-发射筒冷发射技术还减少了日常对导弹的维护。

内部结构紧凑。从外形上看，SS-18无疑是庞然大物，但与其巨大的推力相比其内部结构仍然紧凑严密。一是导弹一级的4个发动机为整体的总成系统；二是将二级火箭发动机完全浸入推进剂箱，使之融为一体；三是首次采用了级间气体分离技术（推进剂贮箱化学增压技术），从推进剂贮箱释放出增压气体使分离的级减速（将燃烧剂喷入氧化剂箱或者将氧化剂喷入燃烧剂箱燃烧），这样就可以不必采用专门的制动发动机，并且简化了增压系统设备。这些措施使SS-18在保持与SS-9同样的外形尺寸情况下，起飞重量由183吨增加到200.6吨，投掷重量由5.8吨增加到8.8吨。

发展潜力巨大。由于SS-18在战略任务上主要是替代SS-9，而SS-9原来就设计有轨道导弹型，因此SS-18在设计上也留有一定的太空运载工具的改造余地，而从历史上看，太空运载火箭和导弹的通用设计也正是"南方"设计局的拿手好戏。为此"南方"设计局在SS-18设计方案中保留了许多改造空间和接口，这为以后的运载火箭改进奠定了基础，加上其本身具有的巨大推力，将是大推力运载火箭改造的良好对象。从目前俄罗斯和乌克兰的改造情况来看，这一设计无疑是成功的。

◎ 战场"常青树"：宝刀不老的SS-18导弹

冷战中，SS-18让西方各国心惊胆战，因为SS-18的威力实在太大了。冷战之后，SS-18逐渐淡出了人们的视野，西方猜测昔日的"恶魔"早已报废。但进入新世纪后，SS-18频频出镜，人们不禁再次开始关注"恶魔"的处境。

苏联解体后，俄罗斯和哈萨克斯坦继承了SS-18导弹。苏联人自始至终觉得，SS-18导弹的诞生在客观上减缓了世界武器竞赛和武器部署的速度，也为他们争取到了大量的发展经济的时间。在苏联人眼里，由于有了分导式弹头和能够突破敌人反导防御系统的手段，迫使美国最终放弃了"卫兵"陆基反导系统的研制计划，并在1972年签署了成为国际安全体系稳定基石的《反导条约》。实际上，SS-18也的确是西方的心腹之患。美国曾试图发展新型洲际弹道导弹对抗SS-18，但是时间紧迫，当时的里根政府和布什政府决定通过军控条约消除SS-18的威胁。在经过漫长的谈判和各种利益交换之后，美苏终于在1991年签署《第一阶段削减战略武器条约》（STARTI），要求将苏联的SS-18削减一半，允许保留154枚。而1993年美俄初步签署的《第二阶段削减战略武器条约》（STARTII）要求俄罗斯拆除所有的陆基分导式多弹头导弹（包括SS-18和SS-24等），只能保留90个SS-18导弹发射井，并改为部署其他类型的单弹头导弹。但2002年《莫斯科条约》的签署使STARTII的削减计划宣告流产。

正所谓，天算不如人算，虽然SS-18逃过了国际条约的束缚，但SS-18终究还是一款导弹，它无法制止苏联解体的命运，冷战结束后，继承了苏联的SS-18遗产的除了俄罗斯

★外形伟岸的SS-18"撒旦"重型导弹

★阅兵时的俄罗斯SS-18导弹

外还有哈萨克斯坦。后者在西方的压力和支持下于1996年9月销毁了部署在其领土上的全部104枚SS-18。以后,SS-18逐步超过服役年限,状态日益恶化,俄罗斯不得不逐渐削减SS-18的数量。

2000年,俄罗斯共装备有180枚SS-18,携带弹头1800个;到2001年,其数量变动为154枚,相应弹头为1540个,分别部署在栋巴罗夫斯基、卡尔塔雷、乌茹尔3个导弹师。2005年,俄国防部长下令从4月1日起俄军开始撤销驻卡尔塔雷的第59导弹师。这使俄罗斯SS-18导弹师仅存第13师和第62师,共装备SS-18导弹85枚,弹头也不超过850枚。外界估计,随着"白杨"M井基导弹的陆续服役,部署较早的第13师的SS-18可能会被裁减。

俄罗斯导弹的设计服役年限一般比西方要短。SS-9只有6~7年,SS-18有所突破,也只达到10多年。保质期过后,必须从发射筒(井)中将导弹取出并送工厂返修。因为具有腐蚀性的氧化剂可能已经开始泄漏,导弹的电器性能也已经下降,而且弹头也必须进行保养。索洛夫佐夫在2004年就公开宣称,战略导弹部队的主要问题就是导弹装备的迅速老化。目前担负战斗值班任务的导弹装备中，约有80%服役期已过，仅依靠作战部队人员的技术水平来维持作战能力。SS-18的服役期已经不止一次地被延长了，但不能无止境地被延长。使SS-18状态不佳的另一个原因是其零部件短缺导致正常维护难以进行。

SS-18的设计生产单位"南方"设计局和"南方"机械厂在苏联解体后均归属了乌克兰。例如，SS-18的惯性制导平台的主要生产商是乌克兰的克哈琼尼厂，而带有惯性制导单元的导弹处于警戒状态时，系统寿命的期望值只有3年。乌克兰早已是独立国家，因此俄罗斯无法正常进行导弹系统的维修。

虽然SS-18的状态不佳，但索洛夫佐夫在2005年8月表示现役SS-18的维护和操作系统的安全可靠性仍然能够保证。西方专家经过分析认为，这主要有四个原因。

一是俄罗斯在冷战末期曾将一定数量的SS-18封存，也就是不为导弹燃料箱加注燃料，不为娇气的制导部件加电，而将大部分导弹部件密封保存，甚至就储存在发射井中。这就是2004年俄罗斯总统在美国正式部

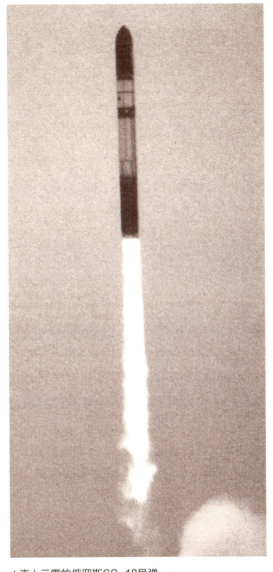

★直上云霄的俄罗斯SS-18导弹

署导弹防御系统后，宣布启用封存的新导弹的一部分。二是俄罗斯在SS-18的削减中采用了滚动拆除的方式，在各导弹师的导弹中有目的地选择拆除导弹，用退役导弹中性能良好的部件替换现役导弹的老化部件，也就是"拆东墙补西墙"，这就是俄罗斯近年来逐步减少SS-18服役数量的原因。三是俄罗斯与乌克兰的生产厂采用商业合作方式，继续SS-18的维护。2006年3月，俄罗斯和乌克兰签署了延长SS-18服役期的协议。

四是加强现役导弹的检测。俄罗斯从2004年起逐步恢复了SS-18的发射训练，以检测超期服役导弹的性能。2004年12月22日，俄罗斯从奥伦堡州的栋巴罗夫斯基导弹阵地发射了一枚SS-18，并专门在发射装置上安装了检测设施，以在导弹准备发射和飞行弹道初始段跟踪导弹的状况。为保证数据真实可靠，此次导弹没有像从前一样从拜科努尔发射场发

射，而是从阵地发射，这在全世界都是非常罕见的。因为在俄罗斯全程检验导弹性能的同时，美国的军用卫星和在阿拉斯加的雷达站也跟踪了这次导弹的飞行全程。

"飞天神箭"
——美国"大力神-2"导弹

◎ "大力神"横空出世

二战之后，自美苏争霸开始，美国人就制造出一种新式的导弹用于威胁苏联本土。由于"大力神-1"式导弹无法对抗苏联的SS-18，所以，美军导弹研制部门开始对其升级。

"大力神-2"式导弹是在美国第一代战略导弹"大力神-1"式HGM-25A基础上研制的一种两级液体燃料单弹头洲际弹道导弹，编号LGM-25C。

该弹由洛克希德·马丁公司于1960年6月开始研制，主要用于攻击地面目标，如大型硬目标、核武器库等，具有双目标选择能力，配装陆基武器中最大的核弹头，对软目标（人口中心、工业）造成的破坏最大，属美军第二代战略导弹。美国发展该导弹的主要目的是在核战争爆发后对苏联进行报复性核打击。该弹于1963年12月首次部署。在堪萨斯州（381战略导弹联队）、亚利桑那州（390战略导弹联队）、阿肯色州（308战略导弹联队）共部署54枚。"大力神-2"是美国核武器库中保存最久的一种液体燃料战略导弹，1982年10月开始执行退役计划，以每月一枚导弹的速度撤出，1987年底全部退役。

◎ 天生神力而又金贵无比的导弹

★ "大力神-2"式导弹性能参数 ★

弹长：31.3米　　　　　　　　　　　**核弹当量**：1000万吨

弹径：3.05米　　　　　　　　　　　**反应时间**：1分钟

最大射程：11660千米～15000千米　　**发射方式**：地下井发射

起飞重量：149.7吨　　　　　　　　　**导弹发射井系统**："大力神"导弹发射井

弹头型号：W-53/MK-6式　　　　　　**圆概率误差**：1296米～1480米

弹头重量：3402～3753千克

★ "大力神-1" 导弹发射升空的场面

　　"大力神-2" 导弹发射井建在山区，全部由钢筋混凝土浇筑而成，整个发射装置全部由液压系统操纵，共重760吨。发射场地面设备有10多台，周围有4座天线，其中一个巨大的圆形天线可接收全球的无线通讯信号，而一个10米左右高的立式天线，可在短时间内升高到200多米。在冷战高峰时期，导弹发射井每天24小时都处于待发射状态。发射场周围方圆几千米范围内都是军事禁区，导弹发射井操控系统高度自动化，连警卫在内只需要7至8名军事人员值班。

　　进入发射井时需经过5道安检门，其中有两道钢门都厚达30厘米，每扇门重达3吨。在进每道门前都先要与值班人员通过电话联系才可打开。其中一道门还需报出由6位数字组成的一组密码才能进入，这组密码只可使用一次，用完立即注销。连续下了55个台阶，才来到摆放20多台设备、由控制台组成的核心控制室。室内管道和线路纵横交错。由于导弹发射时震动剧烈，整个控制室安装在一组巨型弹簧装置上，这组弹簧由6个巨大的弹簧组成，每个弹簧直径有50多厘米。根据规定，控制室内任何时候都必须由两个人共同值班，发射时，必须两人的钥匙同时拧动，才能启动控制设备。

　　发射井由控制中心、通道与防火区、导弹井三个地下部分组成，由于洲际导弹用的是液体燃料，所以地下结构非常复杂，即使是专业化部队，建一座发射井也需3年时间。

在正常情况下，每枚"大力神"导弹的预期寿命是10年，但绝大多数导弹的服役期都超过了23年，直到1987年里根总统下令销毁。根据设计，一枚"大力神"洲际导弹在发射35分钟后就能击中目标，而导弹头内的核爆炸装置，能毁灭一座有100万人口的城市。据说当年每个发射井造价830万美元，一枚"大力神"洲际导弹价值220万美元，用今天的美元币值来换算，相当于现在1亿美元1枚导弹，而如此昂贵的武器和发射井都只能使用一次。这些战略导弹在历史上都只发挥过战略威慑作用而没有真正投入实战。

"大力神-2"退役后，洛克希德·马丁公司从中选择了14枚进行改装，研制出"大力神-3A"、"大力神-3B"、"大力神-3C"、"大力神-3D"和"大力神-3E"型系列运载火箭。前两种为三级液体推进剂火箭，起飞重量150～180吨。这些火箭可把重3.6～4.5吨

★烟火中腾空的"大力神-2"导弹

的有效载荷射入200千米高的轨道。"大力神-3C"、"大力神-3D"和"大力神-3E"都装有两个固体推进剂辅助起飞助推器。它们起飞重量约630吨，能把重达15吨的有效载荷射入高约200千米的轨道。

◎ 险些引发美苏核战的"大力神"

对于世界历史来说，1962年绝对是个关键年份，这一年美苏在古巴导弹危机中的对抗使世界一度处在核战边缘，而就在这关键时刻，美国方面的一次核导弹试射演习，差点儿启动了美苏核战争的按钮。

1962年8月底，美国U-2高空侦察机在古巴上空发现近程导弹发射场，古巴已然开始安装苏联的中程核导弹。10月22日晚，美国总统肯尼迪通过电视向全国正式通报苏联在古巴设置中程导弹的"惊人"消息，同时宣布对古巴实行全面海上封锁，以阻止苏联向古巴运送导弹。随着肯尼迪一声令下，180多艘美国军舰密布加勒比海，载有核弹头的B-52轰炸机进入古巴周围的上空，美国在全世界的海、陆、空三军部队进入最高戒备状态。一场前所未有的、可能触发核战争的危机笼罩着全世界。

古巴导弹危机发生后，美苏双方展开了谈判，由于苏联在核武器方面还落后于美国，赫鲁晓夫在谈判中步步后退，最终同意从古巴撤出导弹。但就在双方的谈判紧张进行的时候，美国方面的一次导弹试射演习差点儿毁掉了和平的希望。

1962年10月26日，一枚载着核弹头的洲际导弹拖着长长的尾焰，突然从美国加利福尼亚州的范登堡空军基地腾空而起。这本来是美国的一次例行性洲际弹道导弹飞行试验，鉴于当时的紧张局势，美国所有的导弹都被

★ "大力神-2"导弹的发射瞬间

装上了核弹头。尽管是例行性发射演习，但在当时的局势下，很可能引起苏方的过激反应。因此，在发射演习即将开始的时候，华盛顿方面迟迟不肯下达发射命令。

很显然，美国政府并不希望进行这次例行性的发射演习，破坏谈判。但不知什么原因，这枚"大力神-2"型洲际弹道导弹却突然点火升空，径直向南太平洋方向飞去。这枚诡异的导弹立刻被苏联的远程预警雷达捕获，引起苏联方面的高度紧张，苏联军方立即下令密切监视美国的导弹活动，而且迅速让自己的导弹进入待命状态。美国方面则更加紧张，生怕苏联方面对此发生误判，幸好苏联人及时推算出了"大力神-2"型导弹的轨道，这才了解导弹并非射向自己，一场危机得以化解。

美国人或许应该感谢上帝，没有让这枚"大力神-2"型导弹偏离轨道射向苏联，否则美国会作为始作俑者引发人类历史上第一次核战争，其结果难以想象。

美利坚的"和平大棒"
——美国"和平卫士"导弹

◎ "和平卫士"：地面部署抵御来袭

★正在安装过程中的美国"和平卫士"导弹

★美国"和平卫士"导弹的发射场面

"和平卫士"导弹是美国大型固体洲际弹道导弹，导弹代号MGM-118A，原名先进洲际弹道导弹，即MX导弹。主承包商是马丁·马丽埃塔公司，1971年由战略空军司令部提出研制，1973年成立MX导弹计划局，开展预先研究工作。1976年3月进入方案论证阶段，1979年9月开始全面工程研制，1983年6月17日作第一次研制性飞行试验，这类飞行试验计划进行20次。1986年开始部署，先在经过改装和加固的"民兵-3"导弹地下井中部署50枚。

就像是B-1战略轰炸机一样，"和平卫士"导弹系统的庞大费用引起了许多年来众多的，却对西方防御或威协一点帮助都没有的争议。即使需要替代"义勇兵"洲际弹道导弹的理由是明确的，生产这型导弹也没有问题，但是争议点是在于如何部署它。有一派意见是使用飞机，1974年"义勇兵"曾从C-5运输机上以降落伞方式投掷下来，在下降中导弹启动引擎并成功爬升起来。后来，焦点又集中在地面部署，使用公路机动卡车或在地下隧道里的铁路货车。而后在20世纪80年代，国会国防委员会驳回了其部署于"义勇兵"导弹掩体内的计划，并要求在1982年12月1日之前提出永久的部署方案。其结果就是产生更多的建议，如深入地下部署计划：导弹将部署于1000米深的地下，每具导弹均由隧道机来运送发射的导弹及操作人员；另一个是紧密部署计划，被称为紧密群，是建立在自相残杀理论上的，利用一枚核弹爆炸所引起的碎屑使得后续来袭的导弹无法继续攻击。里根政府在1982年5月核准了紧密部署计划：百枚导弹部署在直径6千米范围内，彼此间距500米。然而，与此同

★飞行中的"和平卫士"导弹

时，50枚"和平卫士"导弹部署进怀俄明州沃伦空军基地内"义勇兵三型"导弹掩体中。

1987年，美军计划只部署50枚导弹来取代"义勇兵三型"导弹，并使用其掩体。到了1987年底已有14枚完成了在沃伦基地上的部署。根据当时国防部长温伯格所提出的几项可行的部署计划，里根政府计划再取得另外50枚导弹的授权。

◎ 惯性制导：冷射导引四级推进

★ "和平卫士" 大型洲际导弹性能参数 ★

弹长：21.6米	**弹头重量**：10枚2587千克（每枚194千克）
弹径：2.33米（最大）	**核弹当量**：10万吨~50万吨
最大射程：11100千米	**发射方式**：地下井冷发射
起飞重量：8.75吨	或地面机动发射
弹头型号：MK-21式	**圆概率误差**：100米

"和平卫士"大型洲际导弹是美国第四代战略弹道导弹，也是当时美国最先进的战略导弹之一，1986年开始服役。到1993年，在美国沃伦空军基地经改装的"民兵-3"地下井内共部署了50枚。导弹由弹头和弹体组成。弹头包括子弹释放舱、10枚MK-21核弹头和整流罩，弹体分四级，前三级为固体火箭发动机，第四级为液体火箭发动机。

"和平卫士"洲际弹道导弹装载的W-87型核弹头当量在335000吨，其圆概率误差值在0.05海里（100米），可说是现今最精确有效的弹头。它被认为有足够的能力摧毁任何强化工事目标，包括特别强化的陆基洲际弹道导弹掩体及重要的防护掩体。

"和平卫士"洲际弹道导弹采用惯性制导方式。根据1993年签署的"美俄关于进一步削减和限制进攻性战略武器的协议"，2003年前50枚导弹全部被拆除。

◎ "卫士变身"："和平卫士"改装常规弹头

1986年，"和平卫士"洲际弹道导弹服役以后，在"美苏争霸"的冷战期间发挥了重大的战略威慑作用。

进入21世纪之后，美国军方多次炒作受到所谓的"中国反舰弹道导弹威胁"，然而该导弹至今未获证实，反倒是美军轰轰烈烈地发展起了能威胁全球的"常规洲际导弹"。美国高喊"核裁军"，却又重启洲际导弹，甚至还要进行实战应用。如果说，美军宣扬中国

"导弹威胁"是捕风捉影，借机向国会要钱，那么发展"常规洲际导弹"绝对是对全球实实在在的威胁。

2009年，在全球核安全峰会召开前期，美国对外公开宣布将削减其核武器数量，但是却一直在开发全新的导弹来提升美军的威慑能力。为了进一步完善全球打击能力，美军已经打起了"洲际导弹常规化"的主意。目前，美军正在积极发展一种名为"全球快速打击武器"的导弹，以期用来消灭恐怖分子和威慑其他对手。

据《华盛顿邮报》披露，新导弹在陆基"和平卫士"型洲际导弹基础上改进而成，换装常规弹头后，能在60分钟内从美国本土打击全球任何角落的目标。该导弹将被部署在加州范登堡空军基地内，由战略司令部负责指挥。美国政府已经要求国会在2011年为这一武器系统的研发工作增拨2.4亿美元的经费，从而使该项目的总预算突破20亿美元。美军最早将从2015年开始部署这种常规洲际导弹。美国宣称，新型导弹不受美俄最新军控条约的限制。

2010年，美国海军和空军已经拥有完善的全球打击手段，那么"常规洲际导弹"与之相比有哪些优势呢？首先，洲际导弹反应迅速，无须提前部署。美国海军的"战术俄亥俄"核潜艇，虽然装备数百枚"战斧"式巡航导弹，但却需要靠近目标部署，且机动较

★"和平卫士"洲际导弹的升空一瞬

慢；同样，空军的B-52、B-2、B-1B战略轰炸机也受天气和基地条件限制。而洲际弹道导弹部署在本土，可随时发射，数倍于音速的飞行速度可令对手猝不及防。

其次，洲际导弹技术成熟，威力较大。"和平卫士"导弹服役已久，改装常规弹头十分容易，将小型分导式核弹头改为单一的常规高爆或钻地弹头并非难事，在导弹本身巨大动能的助推下，其威力绝非慢悠悠的"战斧"巡航导弹可比。因此，与海空平台相比，"常规洲际导弹"称得上是最完美的"全球打击利器"。

"和平卫士"洲际导弹原本是退役型号，此次"常规变身"后，反而能为美军积累宝贵的经验，以"分散经营"的模式再次复活。"和平卫士"曾是美军最先进的陆基洲际导弹，这些导弹在退役后，其核弹头被部署到现有"民兵-3"型洲际导弹上，得以保留。而运载平台如今又将以常规导弹的面目出现，甚至还会参加实战。美军此举明显是想保留其技术的延续性，甚至还会借助常规任务，来对其进行测试，并进一步完善。一旦美国核政策"变调"，仅仅需要将核弹头和弹体再次结合，美军就能立刻拥有一种经过"实战检验"的洲际核导弹。

此外，美军在发射"常规洲际导弹"时，可能会被其他国家误认为是"核武器"，进而引发核战争。因此，美军企图用洲际导弹打常规目标，绝对比原来"只唬人，不发射"的核导弹更加危险。俄罗斯就表示，美军开发的新型导弹将掀起一次新的"常规军备竞赛"。

★正要发射升空的"和平卫士"洲际导弹

战略导弹之王
——俄罗斯SS-25"白杨"导弹

◎ 冷战产物：苏联在冷战中最为强大的洲际导弹

SS-25洲际弹道导弹（又称"白杨"导弹），是苏联在冷战中最为强大的陆基洲际弹道导弹之一。SS-25导弹是与美军"民兵-3"型导弹大小相近的公路机动发射导弹。它仅携带一枚准度极高、当量在55万吨的核弹头。

最先的18枚SS-25洲际弹道导弹在1985年初完成部署，为此苏联淘汰了20枚老旧的SS-11导弹以符合战略武器限制协议中的上限。

到了1985年年底，共有45枚SS-25导弹被部署为5个团（每个团有九具发射器）。同时，在此阶段将有为数70枚SS-11导弹退役，其中50枚是为了已成军的五个SS-25导弹团，其他20枚则为了准备部署的两个团。加上这两个团，SS-25导弹的总量达到72枚。

★俄罗斯大阅兵中的SS-25洲际弹道导弹

⊘ 机动发射：预备车辆发射装置的"白杨"

★SS-25"白杨"导弹性能参数★

弹长：18米　　　　　　　　发射方式：机动发射

弹径：1.8米　　　　　　　　导引系统：惯性制导

射程：10500千米　　　　　　弹头：一枚55万吨

发射重量：35000千克　　　　圆概率误差：200米

投掷重量：762千克

    SS-25"白杨"导弹的发射车大都是大型的十车轮型车辆，虽然类似SS-20导弹的机动发射车，但它的轮子要多得多。导弹是装在发射管并放置在载具上的，其后有锁链相连，在进行发射时液压装置便将发射管推成直角。SS-25导弹的基地包括了有可开启式屋顶的车库与许多备有支援设备的建筑。这种可开启式的屋顶可能不仅用来测试直立的发射架，在紧要关头还将会用来充当后备的发射场。

    SS-25"白杨"导弹极有可能正在被改良成具有独立多重重返大气层载具的能力。在SS-25导弹的测试中俄方第一次在地面的观测通信中使用密码，被美方指责为违反了第二阶段战略武器限制协议。

★俄罗斯SS-25"白杨"洲际导弹发射前的运载场面

继续改进："白杨"导弹终成战略之王

1985年，SS-25"白杨"导弹服役之后，就蒙上了神秘的面纱。到2008年，俄方表示有72座发射器在服役中。有三处基地已被侦测到，全在俄境西北部的艾雅与夫克尼亚萨拉达以及部署了仅剩的60枚SS-13导弹的雅西卡欧拉。为了机动发射车所作的燃料补给部署将分布在此三处基地外的160千米内，其他支援的部署则可延伸到640至800千米范围中。

因为SS-25"白杨"导弹可在公路机动发射车上进行发射，使得本型导弹不仅再装填十分方便，而且也不容易被敌方锁定攻击。美军推测SS-25导弹就像SS-24导弹是被设计在扩大的核战中当做预备武器来使用的；它是用来躲过美国对俄境的第一波核攻击后，选定目标输入弹头即行展开报复。单一弹头的SS-25导弹可以轻而易举地迅速重新输入目标，并有足够的能力攻击除了那很有可能已在第一攻击中被摧毁殆尽的极强化目标外的任何目标。

苏联的导弹虽然比美国要粗糙，但苏联人却有着把一种导弹研发到底的毅力，这可能是苏联解体后他们仍然拥有最先进的导弹的原因。

2010年，俄罗斯首都莫斯科红场举行了盛大阅兵式，俄罗斯展示了俄罗斯众多的现代武器装备，其中包括首次公开亮相的"白杨-M"导弹系统。

★发射井中的SS-25"白杨"导弹

★运载过程中的"白杨-M"导弹

　　"白杨-M"导弹是俄罗斯联邦总统的超级秘密武器,它是"白杨"导弹的改进型。"白杨-M"导弹系统的研制工作始于20世纪80年代后期,白杨-M洲际弹道导弹重47吨,长近23米,安装有固体燃料发动机,能以疯狂的速度拔地而起,可以摧毁1万千米以外的目标。而无论敌人以什么样的方式拦截,都无法把它击落,这就是为什么美国人称"白杨-M"导弹为"疯子"的原因。美国人承认,"白杨-M"导弹大大降低了美国导弹防御系统的效果,从而使他们的计划产生了混乱。

　　"白杨-M"导弹的主要设计者、莫斯科热力学国家研究所所长兼总设计师尤里·索洛莫夫诺夫认为,这是俄罗斯固体燃料弹道导弹进一步改进过程中的重大一步,"白杨-M"导弹可以被认为是俄军工企业的新生儿。

　　设计者们认为,在"白杨-M"导弹系统的研制、试验过程中,以及在其战术技术性能指标中有很多"第一",甚至在世界上也是首次。如第一次为高防护性的井基和机动陆基发射装置制造了标准化统一的导弹;首次使用了新型试验系统,借助它可检验导弹系统在地面和飞行状态下各系统和组件的工作状态和可靠性,这可大大缩小传统试验规模,减少费用,同时又不降低导弹系统研制和试验的可靠性。

　　据设计者称,"白杨-M"导弹系统的全部试验都进行得很顺利,此外,在训练场和战备值班中将进行有关的试验工作,全部战术技术性能将能达到预期的目标。目前,俄已研制出了"白杨-M"的机动型,它安装在八轴牵引车上,现正在俄罗斯普列谢茨克的国家航天试验中心进行相应的试验。

美利坚"忠实民兵"
——"民兵-3"型导弹

⊘ "民兵-3"型导弹："一钉之距"的改良

　　说起"民兵-3"型洲际弹道导弹，可谓是大名鼎鼎，如雷贯耳。"民兵-3"型的出身也很强大，它是在"民兵-1"和"民兵-2"的基础上发展起来的。

　　"民兵-1"型洲际弹道导弹是首先问世的固态燃料陆基洲陆弹道导弹，之前的导弹都是使用液态燃料的。它是在1956年时以中程弹道导弹为基础开始发展的，1957年时它的射程增为洲际，因而进入洲际弹导弹之列。导弹的主要部分如推进、引导、发射与部署均获得了相当的改进。第一枚导弹在1961年2月1日升空，1962年开始部署入掩体，1965年6月已有800座掩体完成战备。

　　苏美冷战让"民兵-1"得以继续发展，1963年，"民兵-1"型发展成了"民兵-2"型洲际弹道导弹，1964年9月完成第一次升空。它在长度与吨位上都比"民兵-1"型加大了，改良过的第二节推进火箭更延展了其射程。新的导引系统也被安装上，连同可储多个目标资料的存储设备，大大地增进了导弹的准确度。"民兵-2"型导弹重返大气层时载具可携带1枚当量为120万吨的核弹头。

　　1970年前后，"民兵-2"洲际弹

★美国"民兵-1"洲际弹道导弹

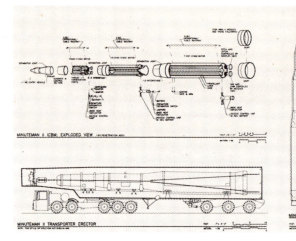

★飞行中的美国"民兵-2"洲际弹道导弹　　★美国"民兵-2"洲际弹道导弹的结构图

道导弹成为美国唯一具有单一巨型当量弹头的陆基洲际弹道导弹。它可以用来对付软性的大区域目标（如军事或工业中心就需要大当量、但不是非常准确的弹头）或孤立的目标。

导弹中的电脑可以存放8个目标资料，并指定一个主要打击目标。重新输入需耗时36个小时，这实在没什么军事价值。

1970年，大多美国的导弹专家都明白，在苏联导弹第一波攻击下，"民兵-2"型洲际弹道导弹是非常脆弱的。苏联的SS-11三型洲际弹道导弹中的三具多重重返大气层载具的打击区域可涵盖整个"民兵-2"型导弹阵地。

于是，美国人开始改进"民兵-2"导弹的性能，最后形成了威力巨大的"民兵-3"型洲际弹道导弹。

🚫 全新变化：改良型控制系统

★ "民兵-3"型洲际弹道导弹性能参数 ★

弹长： 18.2米	**导引系统：** 改良NS-20惯性平衡导引控制系统
弹径： 1.84米	**弹头：** 236枚配备通用电气12型重返大气层载具
射程： 12500千米	3枚当量17万吨W-62核弹头
发射重量： 34500千克	300枚配备通用电气12A型重返大气层载具
投掷重量： 1088千克	3枚当量335000吨W-78型核弹道及诱饵
发射方式： 三节推进	**圆概率误差：**（12型重返大气层载具）220米
固态与液态燃料	（12A型重返大气层载具）166米
热发射	

"民兵-3"型洲际弹道导弹引进一种新的第三节推进火箭,而且也是第一种配置独立多重重返大气层载具的陆基洲际弹道导弹。它的第三节推进火箭比起"民兵-2"型洲际弹道导弹的要来得宽,而且有液态燃料的喷燃口。它的后期推进系统有一具136千克推力的引擎以作前后的移动,另有6具10千克推力的引擎作左右的调整,还有4具8千克推力的引擎在表面喷射以维持旋转。

"民兵-3"型的最大特点是有300枚配备当量335000吨的W-78型核弹头与12A型重返大气层载具,拥有足够的准确度及弹头当量以对付大多数的强化工事目标。其他的236枚配备12型重返大气层载具的导弹,会用来攻击软性目标,并且其中有一个为主要打击目标。

◎ 重装上阵:打击精准、多点攻击

"民兵-3"型是当前美国陆基核力量的主力,并计划改进服役到2020年左右。

"民兵-3"是美国第一种装分导式多弹头的洲际弹道导弹,1970年开始装备美国空军,1975年完成550枚的部署任务。

美国非常重视提高"民兵-3"的性能。20世纪90年代初,美国国防部决定延长其服役期限至2020年左右。"民兵-3"导弹改进计划分三部分实施:

第一部分主要任务是改进发射控制中心,配备现代化的指挥控制系统,即快速执行和作战瞄准系统。

第二部分称为"民兵-3"导弹制导系统更换计划(GRP)。波音公司进行此项工作。更新后的制导装置使"民兵-3"的精度提高,达到MX导弹的精度——CEP为90米～120米。GRP项目的总目标就是更换老化的制导系统的电子装置,使武器系统在2020年以后仍能保持可靠性和可维护性。

完全实现GRP计划将使"民兵-3"洲际弹道导弹精度达到MX导弹的水平,能摧毁有很强防护能力的点目标。这将弥补由于削减洲际弹道导弹数量带来的导弹核武器作战效能损失。按照1998年年底美国拥有的500

★ "民兵-3"型洲际导弹

枚"民兵-3"导弹（多弹头）来计算，改进前其毁伤力K值约为4.085×107，改进后，按500枚单弹头"民兵-3"导弹（装备W87弹头）来计算，毁伤力K值约为8.055×107。这说明改进后的"民兵-3"导弹的弹头数量减少了三分之二，但毁伤力K值却增加了约1倍。

1998年6月24日，两枚改进后的导弹在范登堡空军基地进行了首次发射，并且发射成功。第一枚导弹的发射是"民兵-3"制导系统更换计划执行后的综合验证飞行，第二枚导弹的发射则属于美国空军导弹后继测试与评估计划，用来验证弹道导弹的精度与可靠性。这是自1996年以来，首次在范登堡空军基地进行短时间间隔发射，并且是首次使用海军E-6B飞机来装载发射控制系统，而原来使用的是EC-135运输机。

第三部分称为"民兵-3"导弹推进系统更换计划（PRP），采用最新的固体推进剂技术和焊接技术，"重新浇注"导弹的第一级和第二级发动机推进剂，导弹的第三级也将重新制造。据估算，"民兵-3"导弹改进计划的总费用高达70亿美元。尽管压缩了发展规模和费用，美国战略导弹的现代化水平仍在不断提高。现有的500枚"民兵-3"导弹，经过改进后，不仅具有打击硬目标能力，而且反应时间由40分钟减至4分钟。

总之，美国实施"民兵-3"导弹的改进计划后将缩短民兵导弹武器系统的作战准备时间和提高其可靠性及作战效率。另外，美国已经把"民兵-3"导弹作了全面改变，这种改变包括弹头、控制系统、发动机、指挥控制系统等。虽然表面上还称做"改进计划"，但实际上这一"改进型'民兵-3'洲际弹道导弹"已经无异于一个新型号了。

战事回响

◎ 古巴弹道危机中不为人知的内幕

发生在20世纪60年代初的古巴导弹危机，亦称加勒比海危机，是美苏导弹最激烈的一次交锋。

古巴导弹危机于1962年10月14日爆发，10月28日结束。但按照苏联领导人赫鲁晓夫的说法，事实上，此次导弹危机从1961年的4月份就已经开始了。

危机源头：赫鲁晓夫的"如意算盘"

赫鲁晓夫曾在其回忆录中写道："我的想法是在古巴安置带有核弹头的导弹，但又不让美国过早地知道，而一旦他们发觉，又已为时过晚。如果在安装完毕、准备发射时美国发现了它们，则美国在试图用武力消灭它们之前就不得不三思而行了。在古巴安装我们的导弹，可以阻止美国贸然对卡斯特罗政权采取军事行动。除了保卫古巴外，导弹还将使我们获得西方人常说的武力均衡。"

★古巴导弹危机期间，作好应战准备的古巴军队。

　　赫鲁晓夫认为肯尼迪是个软弱的总统，也许不敢挑战古巴的苏联导弹。

　　此时正处在冷战期间，战略导弹力量是两国交锋的中心。实际上苏联在这方面与美国存在差距。截至1961年，苏联只有4枚洲际弹道导弹。据估计，当古巴导弹危机发生时，其数量可能达到了75枚。远程弹道导弹大约有700枚。而美国有170枚洲际导弹，且数量还在激增。同时美国还有携带128枚北极星导弹的8艘弹道导弹潜艇。让赫鲁晓夫感到问题更严重的，是苏联的弹道导弹从性能上来说也不及美国。

　　卡斯特罗很快就同意苏联到古巴部署导弹。随后，苏联火箭军部队司令涅姆佐夫元帅率领一个调查组对古巴实地考察。返回莫斯科后，他向赫鲁晓夫打包票说，这些导弹可以被棕榈树挡住，美国人看不见。赫鲁晓夫相信了他的话。

　　于是，导弹部署正式开始实施。

　　1962年7月中旬，满载装备的苏联船只从黑海出发直奔古巴。9月15日，苏联"波尔塔瓦"号货轮载着首批中程弹道导弹，抵达古巴马列尔港。

海上惊魂：U-2侦察机的惊人情报

　　1962年7月，在空中执行侦察任务的美国U-2，发现有来历不明的苏联舰船正朝古巴方向驶去。这些船吃水很深，似乎载有导弹飞机等军用物资。同年8月，美国情报部门收到线报说，在古巴发现苏制米格-21战机以及伊尔-28轻型轰炸机。

U-2系列飞机由美国洛克希德公司研制，系美军全天候、单引擎、亚音速、单座高空照相侦察和空中取样侦察机，载有高分辨率航空摄影系统和电子对抗系统，是美国当时最先进的空中照相情报来源。此时，美中情局的U-2间谍机每月要到古巴上空执行两次侦察任务。8月29日，在古巴上空侦察的U-2在8个不同地点发现了SA-2地空导弹。由于防空导弹属于防御性武器，所以没有引起美国特别的重视。U-2还发现了米格-21战机的踪影，但也不排除是古巴先前从苏联购买的老式米格战机的升级型号。

不过在发现苏联防空导弹后，美中情局局长麦康就起了疑心。在8月10日写给肯尼迪总统的备忘录中，他大胆设想苏联可能正准备向古巴部署弹道导弹。理由是，假如不是为了保护更重要的设施，如进攻性导弹，为什么会部署防空导弹呢？

8月底，参议员基廷从佛罗里达州的古巴难民处得到消息，说有证据显示苏联在古巴部署有"火箭设施"。

奇怪的是，美国U-2于9月5日～10月14日间停止了在古巴上空的飞行。其中一个原因是这一个多月天气不好，但更主要的是肯尼迪的智囊团担心U-2被古巴境内的防空导弹击落。不过，中情局还是经常出动U-2在离古巴海岸线20多千米的地方进行侦察拍照。

★时任参议员的基廷

9月28日，美侦察机在驶往古巴的苏联"卡西莫夫"号货轮上面，发现有许多大箱子，箱子的尺寸和形状都显示里面储存的是伊尔-28轻型轰炸机。这个猜测后来得到了证实。

1962年10月14日凌晨，海瑟少校驾驶U-2从加州爱德华兹机场秘密起飞，5个小时后，他抵达了墨西哥湾上空，沿着古巴西端绕了个大圈子。早晨7时43分，海瑟驾驶U-2飞离了古巴空域，最终安然降落在奥兰多的麦考伊空军基地。在任务简报中，海瑟说此次任务像送牛奶一样没有任何危险。

此次拍摄的胶卷被送到了中情局的美国国家照片判读中心。10月15日，分析显示，位于古巴首都哈瓦那西南50英里的圣克里斯托瓦尔，部署有SS-4导弹营；在圣朱利安机场部署有伊尔-28轰炸机。没有发现核弹头的踪迹。

★美国U-2飞机拍摄下的驻古巴苏军导弹阵地

10月16日早晨8时45分，肯尼迪总统获悉此事。按照他的命令，国家安全委员会专门组建了一个执行委员会负责处理这次危机，同时U-2开始以每天6架次的密度，在古巴上空实施侦察。

10月17日，U-2发现了一个SS-5中远程导弹发射场。SS-5的射程为4200千米，是SS-4射程（1930千米）的两倍多，可以打击美国境内除了西北和太平洋地区的任意目标。不过这个发射场正在建设之中，最终也没有该型导弹部署到古巴。

截至10月19日，美国情报部门共在古巴境内发现了16个装备导弹的SS-4发射架，22架伊尔-28轰炸机、24个SA-2防空导弹阵地，另外还有一个核弹头储存掩体。

肯尼迪不能容忍敌方核导弹部署在离佛罗里达仅90英里的小岛上。

美苏对峙：战事一触即发

1962年10月22日，肯尼迪向全国发表电视讲话，宣布发现了苏联在古巴部署核导弹的"确凿证据"。肯尼迪要求苏联撤出所有的中远程导弹，肯尼迪还警告赫鲁晓夫："从古巴发射的任何导弹，都将被认为是苏联向美国的袭击，必将招致美国对苏联的全面报复。"

★肯尼迪

★赫鲁晓夫

肯尼迪总统还宣布对古巴实施海上封锁。他用的词是"隔离"，避免用"封锁"这个性质比较严重的词。随后北约以及美洲国家组织都宣布支持美国，要求苏联撤出导弹。

10月26日，赫鲁晓夫建议：如果肯尼迪总统愿意公开宣布不入侵古巴，那么他准备在联合国的监督下把导弹撤出。仅过一天，10月27日，赫鲁晓夫第二封信语气强硬，要求美国以撤除在土耳其的导弹换取苏联从古巴撤走导弹。

在危机发生后，美国战略航空司令部进入了二级战备状态，仅仅低于全面战争状态。三分之一的B-52随时准备起飞，其他的也能够在接到命令15分钟内起飞。北美防空司令部还将截击机、霍克和奈基地空导弹防空营调到了美国东南部，战争一触即发。

当U-2继续高空作业时，美空军和海军的其他飞机也开始对古巴实施低空照相侦察。

10月27日，美国空军飞行员鲁道夫·安德森驾驶U-2在古巴上空被苏制导弹击落，成为这次古巴导弹危机唯一的牺牲品。美苏冲突也升温到最高点。

美国处理古巴导弹危机的执委会早就决定，一旦再有U-2被击落，美国将出兵摧毁古巴境内的防空导弹阵地。于是，美空军计划出动F-100对贝因斯的防空导弹实施攻击，但遭到了肯尼迪的反对，他要看看苏联的反应。

这次，美国一方面同意赫鲁晓夫前两封信的条件，同时发出威胁：赫鲁晓夫必须在24小时内撤出导弹，否则"后果不堪设想"。

危机化解：各退一步海阔天空

1962年10月28日，赫鲁晓夫回函，表示已下令撤除在古巴的核武器。最后，苏联拆除了所有的进攻性武器，正在前往古巴途中的船只也接令回航。至此，古巴导弹危机正式宣告结束。

11月1日当美国U-2再次对原先发现的中程导弹发射场进行侦察拍照时，发现导弹已经拆除。

11月5日，苏联货轮开始将导弹及其他武装设备运回苏联。

11月20日，美国战略航空司令部转为正常的戒备状态。美国海军停止了对古巴的海上封锁。

多年之后的解密档案显示，除了这些导弹，当年苏联还有4万军队部署在古巴，同时还有大约20枚核弹头（大部分没有安装到导弹上），这些数据都远远高于美国掌握的数据。

从11月2日起，瑞士驻哈瓦那大使埃米尔·斯塔德尔霍夫根据指令，开始与古巴交涉运回美国飞行员安德森遗体问题。

11月26日，肯尼迪亲自探望了U-2机组成员，充分肯定了他们拍摄的照片在危机当中的作用。最后，肯尼迪授予了第4080战略部队总统奖，同时给安德森颁发了空军十字勋章。

2

地对地战术弹道导弹

战场上的生力军

⊙ 沙场点兵: 战场上的重量级攻击武器

地对地战术导弹是指直接用于支援战场作战、攻击战役对方战术纵深目标的导弹。这类导弹射程通常在1000千米以内，主要用于攻击战役战术纵深内的核袭击武器、集结的部队、飞机、舰船、坦克、雷达、指挥所、机场、港口、交通枢纽和桥梁等目标。

最初问世的导弹武器就是德国在第二次世界大战中首先研制成功并用于战争的V-1战术导弹。自那时以来的半个多世纪中，战术导弹已发展到约300种，战术技术性能得到不断改进和提高，许多国家已陆续装备部队。

从20世纪50年代开始，携带常规弹头的战术导弹已多次在局部战争中使用，成为现代战争中的重要武器之一。由于凡是有能力的国家都非常重视研发或购置战术导弹，以加速本国国防现代化进程，致使这类武器已经形成庞大的家族。

就目前世界上的战术导弹来讲，按弹道特征分，战役战术导弹有弹道导弹和巡航导弹两类。

地对地战术导弹采用火箭发动机，结构简单，大部分弹道处于稀薄大气层中。导弹沿一条近似半椭圆形的弹道飞向目标，多在弹道主动段进行制导，在被动段作惯性飞行。有的在弹道末段和中段制导。各国现装备的主要是弹道导弹。巡航导弹一般采用空气喷气发动机。它在稠密大气层中靠翼面产生的气动升力和发动机推力，作等速巡航飞行，进行全程制导。

按其攻击的目标不同，地对地战术导弹可分为三大类型：一是攻击地面目标的地地导弹；空地导弹、舰地导弹、潜地导弹、反坦克导弹和反雷达导弹即反辐射导弹。二是攻击水域目标的岸舰导弹、空舰导弹、舰舰导弹、潜舰导弹和反潜导弹；三是攻击空中目标的地空导弹、舰空导弹和空空导弹；这每一种导弹中又有多种不同战术技术性能的型号。由于战略导弹种类繁多，本章只重点介绍地对地战术弹道导弹。

虽然战术导弹种类繁多，所攻击的目标千差万别，但是它们和战略导弹一样，都是由战斗部、动力装置、飞行控制系统、弹体和弹上电源配电系统五大部分组成的。只是同战略导弹比较起来，战术导弹更为小巧玲珑而已。当然，就尺寸、体积和重量以及各组成部分的技术细节来说，两者差别很大，各有尖端技术难题，都需要集中组织人力、财力进行艰苦攻关方能突破。正缘于此，世界上独立掌握各种类型战术导弹技术和能够生产制造它们的国家为数不多。

⊙ 兵器传奇: 更远、更准、更强

第二次世界大战后，一些国家开始研制与地对地战术导弹性能相近的地对地导弹。20世纪50年代末至60年代的导弹大都采用液体火箭发动机或涡轮喷气发动机，惯性制导或无

★ "潘兴"导弹

线电制导，弹体体积大，地面设备多，机动性差，发射准备时间长，命中精度低。

20世纪70年代的导弹已形成系列，射程从数十千米到数百千米。采用惯性制导或简易惯性制导，命中精度为数十至数百米。采用固体或预包装可贮液体火箭发动机的导弹，发射准备时间短，"潘兴IA"和"长矛"导弹，从占领阵地至发射仅需15分钟，5～10分钟即可撤离阵地。

20世纪80年代的地对地战术导弹的特点是：采用先进制导技术，命中精度显著提高，达最大射程的万分之几，圆概率误差只有25米～40米；发动机采用高能推进剂和轻型壳体材料，提高了比冲和质量比；战斗部有核战斗部和常规战斗部，还有各种功能的常规子母战斗部、化学战斗部，有的还装配分导战斗部攻击活动装甲目标；缩短了发射准备时间，有的导弹可在10分钟内完成发射准备。

20世纪70年代中期至80年代装备的地对地战术导弹都采用固体火箭发动机。采用空气喷气发动机的导弹只带燃烧剂，不带氧化剂，比冲高，飞行高度一般在25千米～30千米以下。20世纪70年代发展的巡航导弹，采用尺寸小的涡轮风扇发动机，飞行速度马赫数为0.7～0.8，耗油率低，能实现低空和远距离飞行。

★巴基斯坦的"哈特夫I"导弹

地对地战术导弹将重点发展近程和远程的，其核战斗部将向小型、低当量、突出某种破坏效应的方向发展。采用复合制导技术，以提高命中精度，使圆概率误差控制在几十米以内。改进机动的多发联装的箱式发射装置，缩短战斗准备时间，提高反应能力。

到目前为止，世界上已有30多个国家装备了地对地战术导弹，其中第三世界国家中就有20个国家部署了地对地战术导弹，有十几个国家拥有研制、生产地对地战术导弹或导弹部件的能力。尤其是在20世纪末21世纪初，各国对战术导弹的发展研究进入了一个高潮。

首先是许多国家都加快了发展速度。例如，巴基斯坦的"哈特夫I"、俄罗斯的SS-21"金龟子B"、印度的"普里特维"SS-150、阿根廷的"阿里克林"和埃及的"普鲁杰克特T"等地对地战术导弹都是在这一两年内开始装备部队的，另外还有十几个新型号也都是在这两年中首次列入研究计划的，如韩国的KSR100、俄罗斯的SS-21"金龟子C"、印度的"普里特维"SS-350和伊朗的改型CSS-7等。

随着高科技的迅速发展，战场上的武器装备也在随之而变化。为适应新的战场形势的发展和变化，世界各国普遍重视发展远射程、大威力、高精度武器，特别是对地对地战术导弹系统提出了更高的要求。

慧眼鉴兵：剖析战术弹道导弹

地对地战术导弹的结构通常由战斗部、推进系统、制导系统、弹体和弹上电源等组成。战斗部由壳体、装药、引信系统和传爆系统等组成。

战斗部装药有常规装药(炸药)、核装药、特种装药。常规战斗部效能有爆破、侵彻爆破、杀伤、破甲和穿甲之分。爆破战斗部主要用于破坏坚硬的军事装备和设施。侵彻爆破战斗部主要用于破坏半地面、半地下与地下的军事设施和装备。杀伤战斗部主要用于毁伤易损目标。破甲和穿甲战斗部用于毁伤装甲目标。战斗部又有单弹头和子母战斗部(又称多弹头)之分。子母战斗部是一枚导弹携带多枚子弹头,当导弹飞临目标上空时,按照预定程序施放子弹,造成对大面积目标的杀伤和破坏。子母战斗部又有集束式和分导式之分。集束式战斗部主要用于毁伤固定目标,分导式战斗部的母舱带有制导装置,子弹作惯性飞行,可以攻击活动装甲目标。

推进系统由发动机和保证发动机正常工作的部件组成。它利用反作用原理产生推力,使导弹获得所需的速度。有的地对地战术导弹采用两级发动机,有的采用一台双推力发动机。发动机有火箭发动机和空气喷气发动机两大类。火箭发动机又有液体火箭发动机和固体火箭发动机两种。液体火箭发动机能量较高,推力可调节,能多次启动和关机,工作时间较长,能在较宽的温度范围内贮存和使用。固体火箭发动机的结构简单,工作可靠,反应迅速,在短时间内能产生很大的推力,使用维护简便安全,便于运输和长期贮存。但其比冲低,推力和工作时间受环境温度的影响较大,推力大小不易调节,不能多次启动和重复使用。

制导系统包括导引和控制两个分系统。导引系统可全部或部分装在弹上,控制系统则全部装在弹上。地对地战术导弹采用的制导方式有惯性制导、雷达区域相关制导、雷达指令制导、寻的制导、复合制导等。采用惯性制导的导弹的制导系统由导弹自载,不受外界干扰,制导精度可达最大射程的万分之几,广泛用于地对地战术导弹的主动段制导或全程制导。雷达区域相关制导不受天候影响,主要用于弹道末段制导。当导弹飞到目标区上空时,弹上雷达扫描目标区,从而将导弹导向目标。目标区地形特征比较明显时,命中的圆概率误差有的仅有几十米。雷达指令制导主要用于弹道中段制导。它的作用距离远,不受天候影响;但制导误差随距离增加而增大,且易受无线电干扰。寻的制导用于弹道末段制导,多采用被动式制导。这种制导系统结构简单、尺寸小、成本低、分辨率高,受云雾等气候影响较大。复合制导综合两种或两种以上制导方式的优点,制导精度高。有的弹道导弹主动段采用惯性制导,中段采用雷达指令制导,末段采用寻的制导,既能攻击固定目标,也能攻击运动目标。

弹体由各舱段及空气动力面连接而成,具有良好的气动力外形,用来安装战斗部、制导系统、推进系统等。通常用轻合金或复合材料制成。空气动力面包括弹翼、舵面和尾翼。弹道导弹一般不带弹翼。固体火箭发动机的壳体通常是弹体的一部分。

弹上电源由电池、配电器、电缆等组成,用以保证制导系统、推进系统、战斗部用电。

美国王牌导弹
——"潘兴II"导弹

🚫 平衡部署：驰援欧陆的利器

　　20世纪70年代末，苏联军事力量急剧增强，这使西方各国感到了日益严重的威胁。从20世纪60年代到70年代，苏联已使它的常规武装大大扩展并现代化了，并且特别加紧发展核武器，尤其是核运载工具。

　　至1979年夏天，苏联已经部署了大约180枚SS-20中程弹道导弹，这些导弹对准西欧。其射程约为4800千米，可以携带三个分导多弹头，每个都可以是高达15万吨级的核弹头，命中精度可达300米～400米。在这以前，苏联早已部署了SS-4和SS-5中程核导弹，还有具备核攻击能力的图-22M"逆火"战略轰炸机和苏-24"击剑手"战斗轰炸机。这就使得所有西欧国家都处于苏联各种核武器的射程之内，而西欧国家却没有能直接打击苏联本土的战术核武器。面对这种悬殊状态，再加上对美国可能提供核保护能力的不信任，西欧各国从1970年起，就迫切要求装备足以还击苏联本土的战术核导弹。

　　当时，北大西洋集团使用的战术核导弹是美国的"潘兴IA"导弹，其射程为740千米，可携带一枚6至40万吨级的核弹头，惯性制导，命中精度约400米，1960年开始在欧洲部署。但由于其射程不足，精度不够，已不适应20世纪80年代的需要。

　　所以，美国从1974年4月开始研制"潘兴II"式导弹。当时主要是提高精度，射程仍和"潘兴IA"相同，到1978年才决定加大射程。对"潘兴II"式导弹的基本要求是增大射程和提高精度。射程要求在1800千米，以便能够直接打击苏联西部地区的主要军事

★美国"潘兴II"战术导弹发射瞬间

目标，提高精度能保证以低爆炸弹头有效地摧毁预定的军事目标。只有远射程和高精度配合在一起，才能构成最大的威胁。

1978年12月，美国国防部正式批准"潘兴II"式导弹进入全面工程发展阶段。1979年2月，与主要承包商签订了"潘兴II"导弹的全面研制合同，不久之后，开始装备北大西洋集团五个国家的部队及驻欧美军。

🚫 精准打击：命中精度可达30米的导弹

★"潘兴II"战术导弹性能参数★

弹长：10米　　　　　　　最大速度：12马赫

弹径：1米　　　　　　　发射质量：7.26吨

弹头：5千至5万吨级TNT当量的核弹头　　发射准备时间：5分钟

最大射程：约1800千米　　圆概率误差：约30米

最大飞行高度：约300千米

众所周知，五星上将是美国军队的最高军衔。历史上，美国一共只授予10位军人五星上将军衔，而在这10位五星上将中，第一个获此殊荣的便是陆军上将潘兴。真是弹如其人，以潘兴名字命名的导弹与潘兴本人一样，也占有一个第一：在地对地战术导弹中，最先使用末制导系统。正是凭借着末制导系统，"潘兴II"为地对地弹道导弹开创了一个崭新的作战领域——使用常规弹头对固定、半固定高价值目标进行精确打击。

"潘兴II"导弹是二级固体火箭发动机推动的超音速弹道式导弹，其飞行弹道可分为三段，即主动段、中段和末段。从地面发射开始，至第二级火箭工作完毕为主动段。在主动段，导弹不断加速上升，获得足够的高度和速度，以后则靠惯性运动而达到预定目标。每一级火箭工作完毕后，自行分离。两级火箭都脱离后，导弹只剩下再入器，开始自由飞行的中段。中段大部分处于外层大气中，高度接近300千米，速度达马赫数12。由于外层大气极为稀薄，因而阻力很小，干扰也小，特别适合导弹的惯性运动。在中段开始时，再入器的头部便向下倾斜，以形成重返稠密大气层的最佳姿态。在外层大气中，再入器的姿态靠其尾部的俯仰和偏航喷口进行调整，进入稠密大气后即可靠空气舵调整。当再入装置进入稠密大气层并下降到一定高度时，飞行的第三阶段，即末段就开始了。再入器进入末段的第一个动作是在惯性制导控制下调整飞行速度，以便能够以合适的冲击速度击中目标。调整速度通过抬起头部进行一段水平飞行来实现。末段最显著的特征是雷达区域相关

★运载车辆上的"潘兴II"战术导弹

制导系统开始工作。在15000米高度上，再入器抛开头部的防护罩，雷达天线开始扫描。雷达不断从地面取回目标图像，并与预先存入制导系统的目标区域参考图像进行比较，确定位置误差，发出适当的指令给舵面控制系统，修正弹道，使弹头准确地击中目标。

"潘兴II"导弹的射程约为1800千米，比"潘兴IA"增加了一倍以上。固体火箭发动机采用端羟基聚丁二烯作为推进剂。推进剂总共约5400千克，其中第一级3200千克，第二级2200千克。

"潘兴II"导弹可以携带一枚核弹头。弹头可以有三种起爆方式，即空中爆炸、地面爆炸或穿地爆炸。合理地选择起爆方式，可以增加射程和精度，提高导弹的战斗力。由于"潘兴II"导弹具有很高的精度，作为一种战术核武器，它不需要很高的爆炸力，一般为1万~2万吨级，也可使用400千克重的常规弹头。根据不同的起爆方式，应该选择不同的爆炸力。穿入地下的爆炸弹头，称为穿地弹头，其头部装有高强度合金钢的外壳，能够以很大的冲击速度钻入土层或混凝土层，在地下爆炸。它对于摧毁地下目标特别有效。在"潘兴II"导弹的早期样弹试验中，穿地弹头曾以每秒610米的冲击速度钻入地下，结果弹头并没有变形，而仅仅有一些小的磨损。

由于"潘兴II"导弹在末段采用雷达区域相关制导，其精度大为提高。该雷达系统最早曾在舰载直升机上进行过试验，以后又在高性能有人驾驶飞机的俯冲飞行中试验。实践表明，它能够达到所期望的精度。为了保证"潘兴II"导弹的精度，从1977年11月至1978年5月先后进行了5次样弹飞行试验。试验结果是理想的，虽然目标处于地理上缺少特征标志的沙漠中，命中精度仍然很高，其圆概率误差在30米之内。

"潘兴II"导弹有很好的地面机动性和地面生存能力。它不需要固定的发射场，整个导弹及其发射装置可安装在一辆运输车上，运输车由一辆福特M757型牵引车拖动。导弹随时可以发射。导弹及发射装置也可以由C-130运输机或其他大型飞机空运，这就更增加了导弹的机动性。

"潘兴II"导弹的发射步骤简单，导弹从进入戒备状态到发射，全部操作几分钟内即可完成。

◎ 《中导条约》：苏美冷战中的"潘兴"导弹

1987年12月8日，美苏首脑在华盛顿签署了历史上第一个销毁核武器的国际条约——《苏美两国消除中程和中短程导弹条约》，简称《中导条约》。

根据条约规定，在条约生效后3年内，苏美两国已部署和未部署的射程在500千米～5500千米的中程和中短程导弹将全部销毁，而且以后也不得试验、生产和拥有这些武器。同时，与这些导弹配套的各种设备和设施也都要销毁。为保证条约的实施，允许双方进行现场核查。

根据《中导条约》，苏联应销毁的导弹数为1752枚(其中，中导826枚，中短导926枚)，美国应销毁的导弹数为859枚(其中，中导689枚，中短导170枚)。其中不包括美国部署在西德的"潘兴IA"导弹和苏联已生产但尚未装备的SSC-X-4陆射巡航导弹(这些导弹也在销毁之列)。

在确定要销毁的中程导弹中，苏联的主要型号为：SS-20导弹650枚，SS-4导弹170枚，SS-5导弹6枚。美国的主要型号为："潘兴II"导弹120枚，BGM-109G"战斧"陆射巡航导弹569枚。

俄罗斯《莫斯科共青团员报》于2009年报道，该国著名导弹设计师阿纳托里·帕拉年科回顾了当年销毁中程导弹的过程。

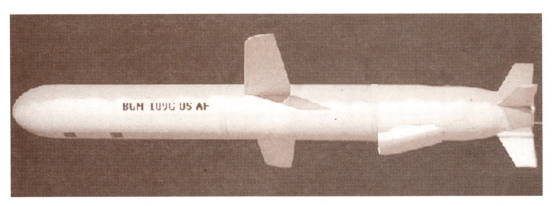

★BGM-109G"战斧"导弹

为了执行《中导条约》，当时苏联成立了减少核危险国家中心，由梅德韦杰夫将军负责。该中心有200名核查员，都是导弹部队军官或是该领域的专家。帕拉年科是苏联国防工业部导弹技术总设计师，自然是其中成员。

《中导条约》规定，第一阶段，美苏两国必须向对方公开本国导弹的所有情况，包括导弹数量及部署地点，并互相检查，不过规定只能由10名核查员组队，并在一天之内完成核查工作。

"1988年，苏联核查人员乘飞机来到美国科罗拉多州的普埃布洛。由于时差的原因，核查人员都非常疲倦。美方建议我们休息，但是只有一天的期限，苏联人哪有时间睡觉？而来苏联的美国核查人员就不同了，他们先到达德国的法兰克福空军基地，利用一星期的时间适应环境，再飞往苏联，所以他们的精神相当好。"

美国的"潘兴II"型导弹就存放在普埃布洛试验场的地下掩体中。当时，需要进行核查的是这种导弹的一级和二级弹体。

苏联的导弹都是在军工厂装配为成品，然后运往军队，但美国的"潘兴"导弹被分解成若干部分，放入集装箱内保存。在作战前，才把各部分零件像搭积木一样拼装起来：首先安装第一级，再安装第二级，最后装上核弹头。

美国的导弹存放在111个集装箱里，要在一天内全部检查几乎不可能。苏联核查人员只是抽查了其中20至30个集装箱，但在所有的集装箱上都签了字。

★《中导条约》签约仪式

后来，当苏联核查人员前去观看导弹销毁过程时，才发现有一些打开的集装箱竟然被偷梁换柱了，里边不是导弹的弹体，而是其他废物：试验留下的预制板以及火药桶等。帕拉年科当时就指出："这并不是条约规定要销毁的物品。"而美方回答说："这些集装箱你们的核查员已经检查过，也签了字。劳驾，请销毁吧。"没办法，苏联核查人员只好照办。可能这些集装箱正好是苏联核查人员没有检查到的。显然，美国人是想用这种方法来增加他们已被销毁的导弹数量。

2009年，许多专家认为，苏联同意这样不对等的《中导条约》可以说是吃了亏，因为美国只销毁了859枚导弹，而苏联销毁的则多达1752枚。他们说，美国的"潘兴"导弹本身并不可怕，据说该导弹8次试射有

★发射车上的"潘兴Ⅱ"导弹

6次失败，而苏联却永远失去了自己的"开拓者"导弹，这种导弹一直被认为是导弹史上的杰作。然而当年根本没有人考虑到这一问题，大家感到欣慰的是，这些武器再不能危害人类了。

第二阶段是销毁导弹过程，通常采用三种方式：烧毁、炸毁和直接发射。美国人主要采用的是烧毁方式，销毁地点在科罗拉多州的普埃布洛和得克萨斯州的马歇尔。

在销毁场地有一个台座，连接着导火索，距离约500米远处堆着30～40个等待销毁的集装箱。工作人员将集装箱用推车拉到台座上，将其固定好。苏联的核查人员站在距离台座100米远的看台上。

按键点火的权力通常都交给苏联核查人员。每一天都有数十枚"潘兴Ⅱ"型导弹被销毁。由于烧毁导弹对环境产生了污染，美国的环保部门会出面干涉。虽然周围是一片荒漠，但如果刮起了吹往城市的风，销毁工作就得暂停。有时，需要用一整天的时间来等待美国环保部门的许可。

苏联销毁导弹的工作是在位于阿斯特拉罕州的卡普斯京雅尔基地进行的，约100枚"开拓者"导弹被发射到空中，其余的导弹都被炸毁。爆炸前，导弹被分为3捆，绑上炸药。

然后，美国核查人员退后两千米，登上看台，由距离导弹300米远的爆炸专家实施整个销毁过程。

这次销毁导弹行动，苏联销毁的是包括战斗控制装置在内的整个导弹；而美国人比较狡猾，他们销毁的只是弹体，肯定先拆除了一切重要的零部件，苏联核查人员看到的只是空壳。至于导弹的战斗控制装置，美国人一定私藏了下来，以后随时可迅速重装自己的导弹。

不过，如果苏联采纳苏联国内"强硬派"的建议，退出《中导条约》，情况会比美国更糟。因为要完全恢复"开拓者"导弹的生产，需要5至6年时间。

美国人在苏联沃特金斯制造"开拓者"导弹的工厂附近，修建了三栋两层楼房长期驻扎下来。由于被销毁的"开拓者"导弹的一级弹体与"白杨"导弹的二级弹体非常相似，所以每次"白杨"导弹出厂，都要被送到专用场地。美国人在那里利用先进的X光透视机检查其轮廓，以防止"开拓者"导弹被借壳运出。苏联人也在美国马格纳的导弹装配工厂进行同样的检查，但是他们缺乏先进的检查设备，只能凭肉眼判断出厂的导弹中是否藏有"潘兴II"型导弹的弹体。

苏联的最后一枚"开拓者"导弹被美国飞机运抵华盛顿航天博物馆，与美国的"潘兴II"导弹一起展出。它们是当年那段历史的见证。

"山姆大叔"的绝密武器
——美国MGM-140型陆军战术导弹系统

◎ 陆军武器系统：大规模部署的战术导弹

陆军战术导弹系统（TACMS）是美国陆军于1986年开始研制的一种全天候半制导半弹道式的第三代地对地战术导弹武器系统。该导弹主要用来取代"长矛"地对地战术导弹，1991年装备部队，海湾战争中首次投入实战使用。导弹配用子母弹头，内装950枚子弹头，采用以环形激光陀螺为基础的惯性制导系统，用美国MLRS多管火箭炮发射，主要用于攻击敌方后续部队的装甲集群、机场、运输队和地空导弹发射基地等大型目标。

20世纪70年代，美国和苏联为争夺世界霸权，在远程战略导弹实力的对比上已经达成均势。1987年美苏双方签署了旨在销毁中、近程导弹的《中导条约》。根据条约，美苏将销毁各自的射程500到1000千米的近程地对地弹道导弹以及射程从1000千米到5474千米的中程地对地弹道导弹。到了20世纪80年代末到90年代初这一段时间里，美、苏两大集团已经通过各种手法在射程超过500千米的地对地弹道导弹方面达成了均势。因此，美苏唯有在射程小于500千米的战术武器方面展开较量。美军在此时提出"空地一体化作战"的新概念，即依靠常规打击力量，对敌实施战役纵深进攻，重点打击敌方的第二梯队。可当时美军除作战飞机外，能够携带常规弹头的地对地导弹系统只有射程75千米的"长矛"近程战术地对地导弹和射程35千米的多联装火箭炮武器系统，无法满足"美军空地一体战、战役纵深进攻"的作战要求。因此，研制新型的，射程小于500千米的战术地对地弹道导弹被提上了美军的武器开发日程。

1978年美国国防部发起了一项名为"进攻破坏者"的新一代战术导弹研制发展计划。由陆军和空军联合研制一种能够满足各自作战需求的联合战术导弹系统(JTACMS)。随着对可能用于陆军和空军导弹系统的新技术的演示验证和对未来作战目的的明确,1984年5月,美国陆军和空军决定放弃联合研制,由陆军和空军分别研制自己的战术导弹系统,陆军要发展一种"集团军作战支援战术导弹系统",配备给驻欧洲中部地区的美军,以使他们担负攻击敌方战役纵深第二梯队的任务,空军则发展一种空射巡航导弹系统。1985年6月,陆军将"集团军作战支援战术导弹系统"定名为"陆军战术导弹系统"。

1986年,导弹进入全面工程研制阶段,1988年进行第一次飞行试验,在工程研制期间共生产

★MGM-140型导弹的发射瞬间

了26枚导弹,原计划1992年装备美国陆军。20世纪90年代后,美国参议院和众议院联席会议决定增加对TACMS项目的拨款。1991年,美国国防部批准陆军于当年采购318枚导弹的计划,并且批准洛克希德·马丁公司于1992年生产411枚导弹,1993年生产407枚导弹。1991年海湾战争爆发后,TACMS提前投入战场使用,比原计划的服役时间提前了一年。TACMS成为了美军在海湾战争中投入使用的众多新式武器装备之一。

美国的陆军战术导弹系统是20世纪末和21世纪初的重要陆军武器系统,同时也是美国陆军现有的一种先进的地对地战术导弹。依美国国防部公布的统一导弹代号命名法,该型导弹代号为MGM-140。

MGM-140型导弹为单级固体火箭推进的弹道导弹,采用以环形激光陀螺为基础的捷联惯性制导系统,虽具有多种型号,但各型导弹的弹体结构、发动机类型却基本相同。

⊘ 机动灵活：现代战场的多面杀手

★MGM-140型导弹系统 "布洛克1" 型导弹性能参数★

弹长： 3.96米	**子母弹头重量：** 454千克
弹径： 0.61米	**子弹杀伤半径：** 15米
弹重： 1530千克	**圆概率误差：** 50米
最大射程： 150千米	

MGM-140型陆军战术导弹系统是美国陆军最先进的近程、单弹头弹道导弹，1991年开始装备 "布洛克1" 型，与 "联合侦察和目标攻击系统"（JSTARS）配合使用，弹药末端采用毫米波和红外制导，圆概率误差50米，用于打击纵深集结部队、装甲车辆、导弹发射阵地和指挥中心等，可携带反人员和轻型装备、反装甲、反硬目标、布撒地雷、反前沿机场和跑道等6种战斗部。

陆军战术导弹系统由导弹和发射车两部分组成。目前，导弹已拥有 "布洛克1" 、 "布洛克1A" 、 "布洛克2" 和 "布洛克2A" 等多种型号，而且 "布洛克2I" 和 "布洛克XB" 正在研制之中。

★野战训练中的MGM-140型战术导弹系统 "布洛克1" 型导弹

★发射升空的MGM-140"布洛克1"型导弹

　　"布洛克1"型导弹采用惯性制导加GPS辅助制导。动力装置为一台固体火箭发动机。布洛克1、1A分别携带950颗和310颗M74子弹，可攻击人员、轻型装备和地面设施；布洛克2、2A分别携带13颗和6颗带末制导的BAT子弹，可攻击各类装甲车辆；正在研制的布洛克2I和XB则分别携带分导多弹头和改进的突防弹头。此外，陆军战术导弹还可根据需要携带布雷弹头和核弹头。

　　陆军战术导弹系统采用车载箱式倾斜发射，发射车为M270标准多管火箭发射车，车长7米，发射时高度为5.9米，车宽3米，速度为64千米/小时，最大行驶距离480千米。发射车是一个完整的发控系统，除两个发射箱外，车上还装载了发射操作一体化的火控系统、地面导航系统、参数稳定器、动力系统、自动装填系统和抗核加固设备等。车上操作人员为3人，可在预先未作任何准备的地点、任何环境和气象条件下发射导弹。

　　美国陆军战术导弹从1991年开始装备，并于当年在海湾战争中首次使用。战争期间，美军共运往海湾地区的陆军战术导弹有105枚，发射了30多枚。战争实践表明，陆军战术导弹具有现代化战争所要求的反应速度快、机动性强、射程远、精度高、火力密度大等特点。美国向伊拉克的地空导弹阵地、C3I设施、加油基地、桥梁等重要目标发射了30多枚陆军战术导弹，并将所攻击的目标彻底摧毁。就连美国人自己都认为攻击的效果是超乎想象的。

　　2008年以来，美国海军为了弥补其舰艇对地攻击火力的不足，计划将其用于舰艇发射，并在139千米防区外进行了成功的发射。此外，空军也打算将其挂载在B1B、B2、F15E和F-111等飞机上，并命名为空射常规攻击导弹。执行战术支援任务的战术导弹系统将在海陆空三维战场上大显神威，未来它的射程会更远，杀伤范围会更大，命中精度会更高。ATACMS与机载武器及舰载武器的结合将为海空武器开辟更为广阔的应用前景。

海湾战争领衔主角
——俄罗斯SS-1 "飞毛腿" 导弹

◎ "飞毛腿"：跑遍世界的导弹

"飞毛腿"导弹是一个已经被大众接受了的词汇，指苏联在冷战时期开发并被广泛出口的一系列的战术弹道导弹。这个名称是北约官方名称，是西方的情报局将"飞毛腿"这个词与一种导弹联系起来的。这种导弹的俄国名字是R-11(第一个版本)和R-300Elbrus(后来的一个版本)。"飞毛腿"这个名字被媒体等不只用做这两种导弹，而且还指别的国家根据苏联原型广泛发展的许多种导弹。在美国，"飞毛腿"被泛指为任何国家的不是从西方原型发展出来的弹道导弹。

"飞毛腿"导弹是苏联20世纪50年代研制的一种近程地对地战术弹道导弹，是德国V-2导弹的仿制品，有A、B两种类型，可装配常规弹头和核弹头，采用车载机动发射。A型于1957年服役，B型是A型的改进型。

★运载车辆上的"飞毛腿-B"导弹

"飞毛腿-B"自1962年起在苏军服役，已成为目前世界上广泛装备的一种导弹。"飞毛腿-B"导弹采用简易惯性制导系统，可配用核弹头、化学弹头和中子弹头，使用液体火箭发动机，车载越野机动发射。"飞毛腿-B"曾先后用于第四次中东战争、两伊战争和海湾战争，均取得良好战果。

🚫 反应迅速：导弹中的幽灵

★"飞毛腿-B"导弹性能参数★

弹长：11.37米	发射方式：惯性制导
弹径：0.885米	最大射程：300千米
起飞重量：5.9吨	最大速度：1500米/秒
推进剂重：3.7吨	弹头类型：常规弹头或化学、核弹头
杀伤半径：150米	圆概率误差：射程为300千米时约300米

★军事演习中的"飞毛腿-B"导弹

"飞毛腿-B"导弹武器系统包括导弹和地面设备两大部分。地面设备主要有运输起竖发射车，底盘为MAz-543LTM，车长12米，宽2.9米，高2米，最大公路速度60千米/时。在海湾战争中，美军最大的失败就是找不到伊拉克的"飞毛腿"发射系统。当时，美军前后共开展了2493次"飞毛腿大搜捕"行动，结果竟然连一发"飞毛腿"导弹或者移动发射装置都没能发现，最主要的战果就是破坏了几辆给导弹加注燃料的卡车和原东德生产的假冒"飞毛腿"。正是这种十多米长的苏联设计的导弹击中了美国在沙特的一个兵营，结果造成28名美军死于非命。这一数字占到了整个海湾战争期间美军伤亡人数的20%以上。当时美军想当然地以为，"飞毛腿"庞大的发射装置需要至少30分钟时间才能隐蔽完毕，因此自己有足够的时间将其摧毁，并在战争初期对此"毫不戒备"。不过，伊拉克人仅仅需要6分钟就能撤离现场或就近迅速隐蔽起来，让美国人根本找不到目标。所以，"飞毛腿-B"导弹武器系统的运输起竖发射车是它最有特点的部分。

"飞毛腿-B"导弹主要用于打击敌方机场、导弹发射场、指挥中心、军事设施、兵力集结地、交通枢纽等。

"飞毛腿-B"可以在预先测定的发射点位置上实施定点发射，即有固定发射阵地时，准备时间可短些。车队进入发射阵地，不计算车辆展开时间，从预测阵地、起竖、加注、检查、撤收车辆到点火发射，最顺利时需要45分钟。也可在未经测定的发射阵地上实施机动发射，但准备时间较长，需1~1.5小时。

🚫 龙战于野：两伊战争中的"飞毛腿"

苏联作为"飞毛腿-B"导弹的发源地，不仅将淘汰下来的导弹全部出口，还出口了大量发射、起竖、运输三用车。从1973年开始，出口到埃及、叙利亚(18部三用车)、利比亚(72部)、朝鲜(24部)、伊拉克(36部)、南也门(6部)。还向伊拉克、伊朗、朝鲜等国家出口了导弹生产线。

两伊战争是用20世纪80年代的武器打得一场21世纪初的战争，"飞毛腿"在这场战争中的表现值得一提。

1988年2月29日~4月21日，旷日持久的两伊战场上爆发了一场导弹"袭城战"，它是继1944年9月德国V-2导弹对伦敦实施人类史上第一次大规模导弹"袭城战"之后，又一次使用地对地弹道导弹进行的大规模"袭城战"，也是二战后在局部战争中动用地对地弹道导弹数量最多、持续时间最长、作战效果最大、影响最为深远的一次。直接起因是2月27日，伊拉克出动空军袭击了伊朗首都德黑兰郊区的一座炼油厂，爆炸巨响震天，油厂浓烟滚滚，伊朗损失严重。为了报复，29日伊朗向伊拉克首都巴格达发射了两枚"飞毛腿-B导弹。早有准备的伊拉克立即以其人之道还治其人之身，从当天开始到3月8日的

9天时间，就向伊朗发射了50枚"飞毛腿-B"导弹，至4月21日共发射了189枚，有40座伊朗城市被炸，死亡近200人，伤8200多人，数千幢楼房和建筑物被毁。伊拉克实施打击的重点是德黑兰和圣城库姆，其次是伊朗纵深的大中城市。蒙受了巨大损失的伊朗，维系战争的决心迅速动摇，加上其他一些原因，伊拉克实现了以炸求和的目的，导致长达8年之久的两伊战争终于在1988年8月20日正式宣布结束。在袭城战期间，虽然伊朗也向伊拉克发射了77枚"飞毛腿-B"导弹，但其战果和影响则大为逊色。

由于德黑兰距伊拉克边境500千米，从伊拉克西部到以色列首都特拉维夫的距离约570千米，而"飞毛

★ "侯赛因"导弹

腿-B"导弹射程只有300千米，"腿短"不及。伊拉克于1987年不惜耗费巨资，在外国专家的帮助下对"飞毛腿-B"导弹进行了改进。所以对德黑兰等较远目标实施攻击的实际上是经改进增程后的"侯赛因"导弹。简单地说就是"三弹并两弹，射程翻一番"，即拆用3枚"飞毛腿-B"导弹生产两枚"侯赛因"导弹。改装时将1枚"飞毛腿-B"导弹的氧化剂贮箱和燃烧剂贮箱都一分两半，将其分别插焊到另外两枚导弹的氧化剂箱和燃烧剂箱上，使两箱分别加长85厘米、45厘米，增加了1040千克推进剂，使推进剂总量增加到近5吨，从而使射程增加到近600千米。为了补偿由于增加燃料和加长弹体带来的重量，弹头重量减轻了，炸药量减至190千克，导弹最大飞行时间也从约309秒延长到425秒，圆概率误差由500米降至300米。

此外，在1991年历时42天的海湾战争中，伊拉克向以色列的特拉维夫、海法，沙特

★运载中的"飞毛腿"导弹

阿拉伯的利雅得、宰赫兰、达兰和巴林三国六市发射了近80枚苏制"飞毛腿-B"导弹，也取得了一些战果。

1991年，海湾战争"沙漠风暴"行动期间，伊拉克装备的苏制武器装备和美国武器装备进行大规模直接对抗，伊军虽然战败，但其"飞毛腿"系列移动式战役战术导弹系统却让美军吃尽了苦头。尽管美军痛定思痛，随后在其军事学说和实战中进行专项改进，至今仍无法高效应对移动式导弹系统的挑战。

萨达姆时期的伊拉克主要进口苏联武器装备，军队建设也与苏军类似，因此，特别重视导弹武器，包括陆军导弹系统的苏军建设特点，被伊军充分借鉴，师或师以上部队都装备了导弹系统，主要是9K72型，北约名为"飞毛腿-B"。

"飞毛腿-B"系统主要部件是经过改进的8K14型液体燃料导弹、9P17型移动式发射装置，以具有较高通行性能的MAZ-543A轮式汽车为底盘。8K14弹道导弹装配液体燃料喷气式发动机、自动惯性指挥和故障引爆系统、混合装药战斗部，控制装置是安装在喷管出口截面上的气体动力舵。弹药主要成分是AK-27I硝酸氧化剂(2919千克)、TM-185炸药(822千克)、TG-02起爆炸药(30千克)、压缩空气(15千克)，也可装填100千克当量威力的核战斗部、爆破战斗部、化学或高爆战斗部，弹长为11.25米，直径为0.88米，射程为300千米，圆概率误差450米。

伊军并不满足于单纯使用进口的9K72导弹系统原型，而是在苏联专家的协助下，在埃及、法国专家的参与下，研制各种改型，其中两种改型最出名，分别取名为"侯赛因"和"阿巴斯"，主要是减少战斗部重量，增加射程。

"侯赛因"导弹长12.46米，直径0.88米，射程增至630千米，圆概率误差1000米~3000米。"阿巴斯"导弹长13.75米，直径0.88米，射程增至900千米，圆概率误差1000米~3000米。这两种导弹飞行轨迹与8K14导弹类似，但射程更远，可高速进入稠密大气层。

印度的骄傲
——"大地"导弹

◎ 备受青睐：印度大国梦想的寄托

2005年9月，印度军方成功试射了一枚"大地-1"型地对地短程导弹，"大地-1"型地对地短程导弹射程约为250千米，可携带核弹头。

印度亚洲通讯社报道，此次试射在距离奥里萨邦首府布巴内斯瓦尔230千米的钱迪普尔导弹发射基地进行。

此次试射的"大地"导弹是由印度依照本国制订的综合导弹发展工程研发成功的近程地对地战术弹道导弹，也是印度首种国内自主研发的弹道导弹。

1983年7月，印度政府宣布制订研制导弹的10年规划，发展本国国防现代化需要的6种导弹，其中就含有这种导弹。同其他5种导弹一样，它主要由印度国防研究发展组织下属的科研单位负责研制，而由21家国营和私营企业承担生产。

作为印度第一种近程弹道导弹，"大地"于1983年开始研制，1988年2月20日进行了首次试验，1992年5月5日进行了第4次试验，随即定型生产，并于1994年装备部队正式服役，成为印度军队的重要武器之一。在其进行批量生产之后，每批导弹出厂前还需要进行

★运载中的"大地"导弹

抽检性飞行试验，并对抽检的导弹数量有一定的规定，主要目的是检验导弹和必须经发射试验的其他配套系统的战术技术性能和生产质量的稳定性，并在此基础上明确接收或拒收此生产批次的产品。

🚫 不容小视：颇具战斗威力的导弹

★ "大地"战术导弹性能参数 ★

弹长： 8.56米	**制导：** 捷联式惯导、寻的制导
弹径： 1米	**动力：** 单级液体火箭发动机
弹头重： 500千克～1000千克	**战斗部类型：** 破片杀伤战斗部、子母弹等
射程： 150千米～250千米	**圆概率误差：** 大于250米

"大地"战术导弹采用8×8"太脱拉"轮式运载车发射。圆锥形弹头，圆柱形弹体。弹体采用两组控制面，尾翼4片、尺寸较小，弹体中部弹翼较大，4片对称安装。发射支撑架的两对儿活动臂用于固定弹体。

"大地"战术导弹的最大特点是配备多种战斗部。该弹目前虽仅配有高爆预制破片单一战斗部，但在研制的还有子母弹、燃烧弹、小型地雷和燃料空气炸药战斗部。

★运载车辆上的"大地"战术导弹

"大地"战术导弹机动发射、生存能力较强。装载于8×8运输车上，采用垂直发射方式。导弹具有多种弹道，可在飞行末端进行弹道修正。

"大地"战术导弹反应时间较长，维护不便。导弹采用双推力室的单级运载火箭，所用燃料是具有高腐蚀性的液体燃料。由于燃料具有腐蚀性，必须在导弹发射前加注。若注入液体燃料的导弹未能发射，那么导弹的贮存期限只有5年。

"大地"战术导弹成本低廉，可批量生产和部署。导弹国产化水平较高，成本降低，便于大批生产，每枚"大地"导弹单价约70万美元。

◎ 多型号发展：力求达到巅峰性能

"大地"导弹已经发展出了多种型号，陆军型的称为"大地"导弹，海军型的称为"大地-1"导弹和"大地-2"导弹。海军型的"大地-1"导弹和"大地-2"导弹被用来打击水面目标，并被重新命名为"德哈努什"导弹。

"大地"近程战术弹道导弹的导弹推进技术来自苏联的SA-2地对空导弹。"大地"导弹的发展型号可以采用液体推进燃料或固液混合推进燃料。

现在"大地"近程战术弹道导弹最新型号是"大地-3"导弹。这种最新型号的发展型已经被命名为"萨加里卡"导弹。这种导弹为两级助推导弹，第一级为固体燃料推进，可提供16吨的推力，第二级为液体燃料推进。在携带一吨重的弹头时射程为350千米，携带半吨重的弹头时射程可达600千米。"大地-3"导弹将装备印度海军的军舰和潜艇，并同样可以携带核弹头。

"大地"近程战术弹道导弹还存在精度差等诸多缺陷。早期的"大地"导弹的圆概率误差为500米，由于液体推进燃料易挥发，只能在发射时加注燃料。目前新的导弹由于加装了GPS设备，圆概率误差已经降低至75米，并同时换装了固体推进燃料。

★参加军事训练的"大地"导弹

第三章
潜射导弹
水下的神秘杀手

3

兵典
THE CLASSIC
WEAPONS

🌏 沙场点兵："出水火龙"

　　潜射导弹是一种由潜艇发射攻击海面舰艇、空中目标和地面目标的导弹。潜射导弹按照导弹的作用可以简单地分为潜射战略导弹和潜射战术导弹。

　　潜射战略导弹主要用于远程战略性威慑与战略性打击。如"巨浪-2"，美国的"三叉戟"等等，这些潜射战略导弹大多是惯性制导（惯性陀螺仪）和卫星惯导相结合，发射前数据已输入导弹，发射后无须雷达指引，按已有的指令飞行。这种导弹射程较远，一般都为3000千米~12000千米，战斗部通常为核弹等大规模杀伤性武器。

　　潜射战术导弹主要用于近程战术层面的潜艇作战，可进一步分为反舰型和攻地型与防空型导弹。

　　可以作为潜射反舰型导弹的如俄罗斯的"俱乐部系列"、美国的"鱼叉"。这种导弹是采用卫星中段制导，末段主动雷达寻的攻击，目标是水面舰船，潜射反舰型导弹是现代潜艇的主要战术武器装备。

　　潜射攻地导弹，用于攻击地面目标的，也采用卫星中段制导，末段是采用地形匹配技术。这类导弹射程一般在100千米~3000千米。例如俄罗斯的"俱乐部-S(Club-S)"潜射型对地巡航导弹，射程约300千米，可从海面下攻击陆地上目标。

　　潜射防空导弹，是潜艇的一种防御性武器，用来打击反潜机等空中飞行器。例如美国的"西埃姆"（SIAM）近程低空潜射防空武器系统。该导弹是一种全自动对空武器，采

★ "俱乐部-S"型导弹

用主动雷达和被动红外制导，导弹发射出去后，就不依赖艇上的跟踪设备，而是利用其制导系统捕捉、跟踪和攻击反潜飞机。

🎯 兵器传奇：潜射导弹的问世

1945年的一个星期天早晨，雾气弥漫。纳粹德国海军上尉弗里茨·施泰因霍夫指挥着"U-511"潜艇秘密潜入卡萨布兰卡港。进港不久，他通过潜望镜看到：码头上大批的坦克、装甲车和火炮正在上下装卸着无数的汽油桶等物资、装备堆积在码头上……施泰因霍夫真想摧毁这些战略物资，可潜艇上只有鱼雷，对岸上目标无能为力。而且一旦发射鱼雷，潜艇立刻就会被盟军发现和追歼。他想，如果此时潜艇上装备有能进行远距离攻击的武器该多好。回到母港，施泰因霍夫找到了火箭权威冯·布劳恩，经过一段时间的日夜奋战，终于在一艘旧潜艇的甲板上安装了6个呈45度仰角的钢制火箭发射架，每个发射架上装有一枚固体推进剂火箭弹。为了防止进水，喷管都用液蜡封死，并从中引出一根连接推进剂起爆点火器的电线，另一头穿过潜艇指挥台围壳，直通到控制中心。

发射试验当天，指挥员的命令刚发出，立即听到水下50米处发出沉闷的巨响。接着，一枚火箭跃出水面，长啸着直插入空中。其后，6枚火箭全都射向目标。这成为潜射导弹的雏形，不过因为二战的结束而未得到实战运用。战后，为了争取军事制高点，美苏开始致力于潜射导弹的研究。当苏联潜射弹道导弹率先成功发射后，焦虑万分的美国也在1960年成功发射潜射型"北极星A-1"弹道导弹。至此，第一代潜射导弹问世了。

潜艇具有隐蔽性好、突击力强的特点，在战争中取得了骄人的战绩，一直被誉为"水下杀手"。而作为杀手"利刃"的潜射导弹自问世以来，得到了进一步发展，出现了潜射巡航导弹、潜射防空导弹等其他潜射导弹，而且备受多国青睐，一直是世界各国致力攻关的关键技术。

由于发射技术的复杂和特殊性，加上潜射导弹本身需要有潜艇来运载。因此，到21世纪初的今天，世界上只有安理会五大常任

★ "北极星A-1"弹道导弹

理事国装备有战略核潜艇，掌握了导弹水下发射技术，此外还有很多国家也一直在积极谋求获得这种技术能力，但罕有成功者，由此可见水下发射弹道导弹技术的难度。

⊙慧眼鉴兵：潜射导弹发射原理

潜射导弹的发射装置主要为标准鱼雷管水平发射装置和专用垂直发射装置。按照导弹的封装形式可分为"干"发射和"湿"发射。

"干"发射是将导弹装在运载器内，运载器从潜艇中射出并在水中航行，一直将导弹送至水面助推器点火。如美国"鱼叉"和"海长矛"、法国的"飞鱼"和俄罗斯的SS-N-21反舰导弹均采用标准鱼雷管水平发射，靠运载器的火箭发动机推出水面。

"湿"发射不采用密封的运载器，导弹以裸弹的形式在水中航行，只进行局部防水处理和装设必要的约束卡(套)。目前，大多数国外水下垂直发射的战术导弹均采用"湿"发射方式。美国"战斧"、俄罗斯的SS-N-19导弹采用专用垂直发射管，依靠发射管内的弹射动力装置将导弹射出发射管，而后弹上助推器把导弹推出水面。裸露导弹的水中弹道控制、导弹的承压和水密设计、弹翼的折叠和展开等技术是需要解决的关键技术。"战斧"导弹发射出水面后的过程是：导弹出水后，抛掉发动机进气口盖、折叠弹翼及导弹与助推器之间的整流罩。先使4个控制尾翼展开，转入水平飞行。助推器熄火后，进气道打开，主发动机点火，弹翼随之像折刀一样展开，转变成由制导系统控制弹翼操纵导弹飞行。

威胁世界的导弹
——"三叉戟"潜射弹道导弹

◎ "三叉戟"："俄亥俄"级核潜艇潜射导弹

"三叉戟II"D-5型潜射导弹是在"三叉戟I"C-4型导弹基础上研制的改进型号，由洛克希德·马丁公司研制。

"三叉戟I"型C-4导弹同样由是美国洛克希德·马丁公司研发，是用来替代"海神C-3"导弹的第三代潜射远程弹道导弹。该导弹1971年开始研制，1976年12月投产，1977年1月进行首次飞行试验，1979年正式装备美国海军，2005年全部退役。

"三叉戟I"型C-4导弹主要用来装备部分经过改装的"拉菲特"级核潜艇和最新的"俄亥俄"级核潜艇。在美国军方于20世纪70年代初期展开"三叉戟I"型潜射弹道导弹计划的同时，就开始着手发展一种新型的弹道导弹潜艇以供三叉戟导弹使用。最初的计划是建造一种"拉菲特"级的改良型潜艇，并使用相同的西屋S5-IIW核子反应炉，而后为了降低新潜艇的噪音，决定采用自然循环核子反应炉。基于经济效益，导弹数量由16枚增至24枚。

由于这项计划的造价过于庞大，最初曾遭国会的反对，不过在苏联在"三角洲"级潜艇上配置了射程长达6935千米的SS-N-8潜射弹道导弹之后，国会终于批准了这项计划。虽然已获得国会的批准，不过这项计划在发展之初仍遭到不少困难，因此仍较预定进度落后许多。当困难一一被克服以后，终于产生了一种极为优秀的潜艇，即"俄亥俄"级核潜艇。

冷战末期，美国人开始对"三叉戟I"C-4导弹进行升级和改进，于是研发出"三叉戟II"D-5型潜射导弹。该弹于1990年开始服役，主要装备"俄亥俄"级核潜艇，每艇载弹24枚，是目前世界上最先进的潜射弹道导弹。

★"三叉戟I"C-4潜射弹道导弹的发射场面

★检修过程中的"三叉戟"导弹

◎ 射程更远：满足美国国家战略威慑需要

★ "三叉戟I" C-4潜射弹道导弹性能参数 ★

弹长：10.36米　　　　　　　发射方式：三节推进（固态燃料）

弹径：1.88米　　　　　　　导引系统：星光惯性制导系统

最大射程：7400千米　　　　战斗部：8~10枚当量各为10万吨TNT的W-76

发射重量：29954千克　　　　四型分导式子弹头

投掷重量：1361千克　　　　　圆概率误差：230米~500米

★ "三叉戟II" D-5潜射弹道导弹性能参数 ★

弹长：13.42米　　　　　　　发射方式：三节推进（固态燃料）

弹径：2.1米　　　　　　　　导引系统：星光惯性制导系统

射程：11100千米　　　　　　弹头：8枚当量各为10万吨TNT

发射重量：59000千克　　　　或47.5万吨TNT的分导式子弹头

投掷重量：2722千克　　　　　圆概率误差：90米

与"三叉戟I" C-4相比，"三叉戟II" D-5在长度上加长了3米多，射程更远，命中精度更高。每枚导弹最多可载12枚分导式弹头，后来根据美俄间的协议，改为限载8枚，可分别攻击8个目标，采用星光惯性制导系统。

"三叉戟II" D-5打击诸如地下导弹发射井、加固的地下指挥所等坚固目标的能力要比"三叉戟I"导弹提高3至4倍，因而被誉为美海军战略核力量的"骄子"。目前"三叉戟II" D-5导弹已成为美国海军所有弹道导弹核潜艇的标准装备之一，该型导弹的装备将进一步满足美国国家战略威慑政策的需要，使美军具备应付新型威胁的能力。

◎ 战略威慑：潜艇之王的秘密武器

"三叉戟II" D-5型潜射导弹主要装备美国海军第四代"俄亥俄"级战略核潜艇。该级潜艇是美国通用动力公司专为装载"三叉戟"导弹而研制的，也是迄今各国海军中最先进的战略核潜艇。

"俄亥俄"级核潜艇排水量重达18750吨，采用了高性能核反应堆、先进电子设备和多种降噪措施，每艘潜艇造价高达20多亿美元，堪称"潜艇之王"。该级潜艇的艇体属单壳型，在结构与布置等方面均与众不同。艇体艏艉部是非耐压壳体，中部为耐压壳体，整个耐压体仅分成四个大舱，从艏至艉依次是指挥舱、导弹舱、反应堆舱和主辅机舱。指挥舱分为三层：上层设有指挥室、无线电室和航海仪器室；中层前部为生活舱，后部为导弹指挥室；下层布置4具鱼雷发射管。导弹舱共装24枚"三叉戟"导弹，对称于中心线平行布置。反应堆舱的上部是通道，下部布置反应堆。主辅机舱布置动力装置。

★发射升空的"三叉戟Ⅱ"D-5导弹

2005年美国海军又添购了5枚"三叉戟Ⅱ"D-5导弹，使美国当时拥有的该型导弹总数达到413枚。此外，美国还将D-5的生产延长到了2013年，并将采购导弹的总数增加到540枚，额外增加成本122亿美元。为了使D-5导弹能服役至2042年，达到最新型的"俄亥俄"级核潜艇延长后的服役期末，美国将把D-5改进成D5LE型。2003年，美国国会已为"三叉戟Ⅱ"D-5的现代化计划拨款4.16亿美元。在540枚D-5导弹中，将有336枚装备14艘核潜艇，其余的用于试射。

"三叉戟Ⅱ"D-5型潜射导弹主要用来摧毁强化工事目标，包括陆基洲际导弹发射井及加固的地下指挥控制中枢等，并可很快重新输入目标。

每艘核潜艇所载的192个分弹头可以在半小时内摧毁对方100～150个大中型城市或重要战略目标。目前，美国海军的18艘"俄亥俄"级战略核潜艇分属美太平洋舰队和大西洋

舰队指挥。其中8艘属于驻扎在班戈海军基地的太平洋舰队的战斗序列，其中4艘在接受改装；而大西洋舰队第10潜艇大队第16和第20潜艇中队各统领5艘。"俄亥俄"级潜艇的服役期为30年，目前正值青壮年时期，它同时也是世界上在航率最高的潜艇。平均海上巡航70天后，返回基地补给和修理25天，然后可再次出海巡逻。

法兰西镇国利器
——法国M4潜对地战略导弹

◎ M4出水：法国独立核威胁的重要武器

1965年，法国开始研制潜对地战略弹道导弹，只用了短短几年的时间，在20世纪70年代初就研制出M1型及M2型导弹，射程为2500千米～3000千米，圆概率误差为600米～1000米，相当于美国北极星A1及A2、苏联SS-N-6导弹水平，并装备了3艘核潜艇。

在此基础上，1976年法国研制成突防能力更强的M20导弹，取代了M2型，装备了5艘核潜艇。

★陈列在博物馆的法国M4潜对地战略导弹

为了提高导弹作战性能，法国于1972年12月开始进行改进型研制，又研制了M4潜对地战略导弹。M4潜射弹道导弹属第四代战略导弹，共有三种型号，M4A、M4B和M45。M4A和M4B于1985年装备部队。

🚫 性能先进：法国核威胁的重要武器

★M4潜射弹道导弹性能参数★

弹长：11.05米	发射深度：40米
弹径：1.93米	飞行时间：20分钟
射程：4000千米～6000千米	核弹头当量：6×15万吨TNT
弹重：35000千克	圆概率误差：300米

M4潜射弹道导弹是法国最重要的核威慑武器，自1985年服役以来，法国共部署了64枚，其中16枚M4A，48枚M4B。M4已成为法国现役战略核导弹的主力。导弹采用惯性制导，内装6枚高速飞行的分导式核弹头，每个弹头当量为15万吨。动力装置为三台固体火箭发动机。M4由潜艇发射，发射深度为40米。

M4导弹类似美国的"海神"导弹。随后法国又开始研制M4型导弹的一种改进型——M45型导弹，总体水平相当于美国的"三叉戟I"型导弹。

为了保持独立核威慑的先进性，1993年法国开始研制全新的M51型三级固体远程潜对地弹道导弹。

★M4潜射弹道导弹

🚫 继续改进：M4改进型终成王牌导弹

2008年11月13日法国国防部宣布，法国当天首次在水下成功试射了一枚M51型战略导弹，准备将其装备在法国新一代核潜艇上。

法国国防部表示，这枚M51型战略导弹当天从位于西南部的朗德导弹试验基地发射，这是它的第三次成功试射，也是首次在水下发射获得成功。此次试射与以往一样，属于无弹药发射，即没有装配核弹头，整个过程完全符合法国在安全和核不扩散方面向国际社会做出的承诺。

导弹发射成功后，法国国防部长埃尔韦·莫兰向参与发射工作的军方人员表示"热烈祝贺"，他说，通过试射M51型战略导弹，法国在核威慑力量的现代化进程上又迈出了重要一步。

M51型战略导弹为何物？原来它就是大名鼎鼎的M4潜射弹道的改进型。M51型战略导弹长12米，重56吨，可装备6个核弹头，射程达8000多千米，与目前法国核潜艇装备的M45型海对地导弹（射程约6000千米）相比，射程有了大幅增长，精确度也有显著提高。据介绍，这种新型导弹将逐步取代M45型导弹，装备在新一代核潜艇上，其中包括2010年3月刚刚下水的战略核潜艇"可畏"号，后者一共可以携带16枚M51型导弹。

M51型导弹的水平相当于美国的"三叉戟II"型导弹，与以前的M20、M45型导弹相比，打击范围更广、作战威力更大。

★M51型战略导弹的发射场面

首先，它具有超高的突防能力。M51型导弹采用隐身弹头，减小了雷达反射面积，并配备了先进的突防装置和诱饵；为了抵抗敌方的激光武器在飞行主动段对导弹进行攻击，导弹采取了抗激光加固措施；为了提高突防能力，导弹在飞行中拟作旋转稳定飞行。

其次，点火样式灵活。它既能在深水下点火，又能在离开潜艇发射管后不久在水下点火。既提高了发射速度，又增加了潜艇的隐蔽性。

第三，破坏威力强大。它可以在高空引爆，产生电磁脉冲，在不释放针对目标的全部破坏能量的情况下，破坏地面电子系统。

M51型导弹的测试试验在法国武器装备总署（DGA）的导弹试验和发射中心进行。按计划在M51型服役前，将总共进行10次试射，比M45研发过程中40次有大幅度减少。

M51型导弹的搭载平台是大名鼎鼎的"凯旋"级弹道导弹核潜艇。据悉，该级潜艇的第四艘也是最后一艘"可畏"号，在2008年下水，于2010年6月正式服役，它成为第一艘携带新型M51型导弹的潜艇。

法国总统萨科齐表示，法国将继续奉行核威慑政策，所有侵犯法国重要利益的人都将遭到沉重的核打击，M51型导弹就是他手中的王牌武器。但他同时表示，法国将在满足战略需求的前提下，尽可能少地储备核武器。

战事回响

只有大国才能玩的神器：固体燃料潜射洲际导弹

1957年10月4日，苏联向宇宙空间发射了世界上第一颗重84千克的人造地球卫星，从卫星上发往地球的无线电信号，送到了每个国家无线电收听者耳中。当晚，美国五角大楼里灯火通明，政界、军界要员一边看着美国战略防御能力布置图，一边在低声讨论着什么。经过讨论，他们认为，苏联第一颗人造地球卫星发射成功表明，苏联已拥有或即将拥有足够大功率的导弹发动机和足够精确的导弹飞行制导系统，美国几乎所有的城市都将成为苏联未来核武器的打击对象。为此，美国政府和军界领导人感到应立即建立起本国的战略核打击力量。讨论期间，他们想起了已在研制中的"北极星"导弹计划和第一艘"北极星"导弹潜艇的研制工作，并决定将第一艘导弹核潜艇的研制时间由5年缩短为2年。当然，美国人并没有将这一紧迫感放在表面上，时任美国总统的艾森豪威尔在记者招待会上仍然说出了这样一句与他内心活动不一致的话："这个卫星没有什么军事意义。"

为了尽早建造出与苏联抗衡的导弹核潜艇，核潜艇的研制者们提出利用正在船台上建造的"鲣鱼"级"蝎子"号潜艇进行改装的设想,这一设想得到了批准。"鲣鱼"级潜艇全长77米,艇壳直径9.7米。尽管其容积比常规潜艇大,但布置"北极星"导弹发射装置仍很困难,为此,研制人员决定从指挥台围壳尾切面将"蝎子"号艇体分成两段,在两段之间加接一段长为39.6米、直径与原来相同的圆柱形耐压壳体。其中12米~14米用来布置导弹发射指挥仪及其辅助导航设备,大约23米用来布置两排共16枚导弹垂直发射装置,其余3米~4米用来布置发射装置的辅助设备。建成后整个艇长达116.6米,命名为"乔治·华盛顿"号,它就是人类史上的第一艘弹道导弹核潜艇。

弹道导弹核潜艇的出现,不但是潜艇发展史上的又一突破,也是战略核力量的又一次转移。在各种侦察手段十分先进的今天,陆基洲际导弹发射井很容易被敌方发现,弹道导弹核潜艇则以其高度的隐蔽性和机动性成为一个难以捉摸的水下导弹发射场。

1959年"乔治·华盛顿"号建成后,美国一连建造了5艘性能相近的同型艇。1960年7月20日,"乔治·华盛顿"号核潜艇驶在海上靶场进行了"北极星"导弹的水下发射试验。结果"北极星"导弹不负众望,第一发就命中1800千米处的预定目标。同年"北极星A-1"式导弹随同美国海军第一支弹道导弹舰队成军。紧接着,美国又研制成功了"艾伦"级弹道导弹核潜艇。1961年8月服役的"伊桑·艾伦"号是美国建造的第一艘专门用来携带"北极星A-1"导弹的潜艇,水下排水量7900吨,艇长125米,水

★研制过程中的"海神C-3"导弹

★"北极星"导弹

下最高速度30节，艇部装有6具鱼雷发射管，导弹舱携带16枚"北极星A-1"导弹。"伊桑·艾伦"号和这个舰级的其他潜艇后来都被改装以携带体积和射程都有所增加的"北极星"导弹。

"海神C-3"导弹是美国用来取代"北极星"系列导弹的第二代中程潜射弹道导弹，研制费用40亿美元。它是一种固体燃料的两级导弹，射程与"北极星A-3"导弹相同，但采用"MIRV"型分导式多弹头（一个母弹头内有14个子弹头，其中4个子弹头装有诱饵和干扰机，干扰机发生强大功率的干扰信号，使探测防御雷达无法发现其他子弹头）并能同时攻击多个目标，因此比"北极星"具有更强的破坏威力和穿越敌力陆基导弹防御区的能力。1970年，"海神"导弹试射成功；1971年3月31日这型导弹被正式部署在"詹姆斯·麦德逊"号潜艇上。该型导弹共计生产了619枚，1979年起退役，被更先进的"三叉戟I"型导弹所取代。

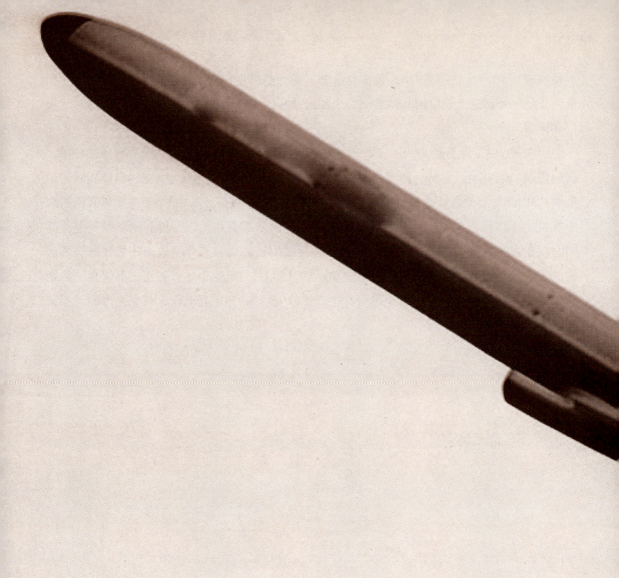

第四章

4 舰舰导弹

碧海刺客

兵典
THE CLASSIC
WEAPONS

⊙ 沙场点兵：舰艇攻击利器

反舰导弹（Anti-shipMissile）是指从舰艇、岸上或飞机上发射，攻击水面舰船的导弹，是对海作战的主要武器。通常包括舰舰导弹、潜舰导弹、岸舰导弹和空舰导弹。常采用半穿甲爆破型战斗部；固体火箭发动机为动力装置；采用自主式制导、自控飞行，当导弹进入目标区，导引头自动搜索、捕捉和攻击目标。反舰导弹多次用于现代战争，在现代海战中发挥了重要作用。

舰舰导弹是指从水面舰船发射，主要用于攻击出水潜艇、驱逐舰、航空母舰、巡逻艇和商船等水上目标的导弹武器系统，是舰艇的主要攻击武器之一，具有较高的效费比，是反舰导弹大家族的重要成员。

舰舰导弹与舰艇上的导弹射击控制系统、探测跟踪设备、水平稳定和发射装置等构成舰舰导弹武器系统。射程多为40千米～50千米，有的可达数百千米；通常采用复合制导；飞行速度多为高亚音速，少数为超音速。同舰炮相比，射程远，命中率高，威力大；但连续作战能力差。通常由弹体、战斗部、动力装置、制导系统和电源等构成。

⊙ 兵器传奇：浪花上的导弹竞赛

20世纪50年代，装备舰艇的舰舰导弹有瑞典的"罗伯特"315、苏联的"SS-N-1"和"SS-N-2"等。

1967年10月21日，埃及导弹艇发射苏制"SS-N-2"舰舰导弹，击沉以色列"埃拉特"号驱逐舰，这是舰舰导弹击沉军舰的首次战例。实战证明了舰舰导弹的有效性和战斗威力，引起各国海军的重视，许多国家海军相继装备舰舰导弹。

20世纪70年代以来，新型舰舰导弹应用精确的惯性制导、微型数字电子计算机、频率捷变雷达、无线电高度表和效率高的小型涡轮喷气发动机等新技术，使舰舰导弹技术战术性能有了显著提高。

1972年,法国研制的"飞鱼"MM-38舰舰导弹，应用高精度无线电高度表，使导弹末段能在2.5米～4.5米高度掠海面飞行。苏联研制了"SS-N-19"远程超音速、掠海面飞行舰舰导弹。

20世纪80年代初，美国研制的"战斧"BGM-109B战术舰舰巡航导弹可以从舰艇垂直发射筒发射，射程达450千米左右。美国还研制了127毫米舰炮发射的导弹，每分钟可发射导弹20枚，1981年8月装备在布里斯科号驱逐舰上。这种导弹装有1台固体火箭发动机和半主动激光导引头，用MK45-V5型127毫米舰炮作为发射装置，既可发射导弹，也可发射炮弹。这是导弹与舰炮结合的新发展。今后，还将继续研制203毫米、406毫米大口径舰炮发射的导弹。舰舰导弹将向中远程、隐身、精确制导、微电子化、智能化方向发展；缩短反应时间，提高导弹速度、制导精度和机动性、隐蔽性，增强抗干扰和突防能力。

目前世界上有10余个国家能够自行生产舰舰导弹，80多个国家部署有舰舰导弹，但真正经过大量实战检验并能代表当今舰舰导弹发展潮流的当属俄罗斯和美国。俄美舰舰导弹代表了当今舰舰导弹的发展方向，又具有各自独特的优点和不足。从发展方向看，美俄必定会互相借鉴，取长补短，进一步提高舰舰导弹的性能，舰舰导弹的发展具有广阔的前景。

◉ 慧眼鉴兵：舰舰导弹解析

根据战斗部的不同，舰舰导弹有聚能破甲型、半穿甲型和爆破型舰舰导弹，可采用普通装药或核装药，装有触发引信或近炸引信、指令引信等；动力装置，多采用火箭发动机或涡轮喷气发动机；制导系统，多为惯性、自控加雷达或红外末制导。舰舰导弹发射时，由固体火箭助推器助飞，爬高升空后，靠主发动机的动力继续飞行。

舰舰导弹飞行弹道分初始段(发射段)、自控段和自导段。在自控段由自动驾驶仪(或惯导系统)和无线电高度表控制，按预定弹道飞行，巡航高度为数米至数百米；在自导段由末制导装置和自动驾驶仪(或惯导系统)、无线电高度表控制导向目标。

舰舰导弹多数采用两级动力装置。第一级为固体火箭助推器，用于助推导弹起飞。导弹爬高升空后，该助推器脱落。导弹靠第二级主发动机（可采用火箭发动机或空气喷气发动机）的动力继续飞行。导弹在掠海面飞行时，通常由无线电高度表和惯性加速度表组合控制。

法国"飞鱼"
——MM38型近程舰舰导弹

◎ "飞鱼出水"：MM38导弹的问世

"飞鱼"MM38舰舰导弹是法国航空航天公司战术导弹部根据法军需求，在军方支持下于1967年开始开发的一种亚音速近程掠海反舰导弹。

在研发阶段，1967年10月的中东战争中，埃及用苏制"冥河"导弹击沉以军驱逐舰的战例极大地促进了"飞鱼"导弹的发展。

1971年7月~1972年厂方进行了研制和定型试验，1972年~1974年法国海军和英国及联邦德国分三阶段共同进行了测试，共计发射40枚，38枚获得了成功。

"飞鱼"是法国海军一种典型的反舰导弹，也是世界上销量最大、应用于实战最多的一种导弹。

⊘ 性能先进：多型号发展的"飞鱼"

★"飞鱼"MM38舰舰导弹性能参数★

弹长：5.21米	反应时间：冷却状态60秒，热状态下30秒
弹径：0.348米	发射间隔：2~5秒
翼展：1.004米	作战环境：全天候
尾翼展：0.75米	发射重量：735千克
巡航高度：15米	动力装置：固体火箭助推器+固体火箭发动机
巡航速度：0.82马赫	制导：惯性+主动雷达制导
命中率：95%	战斗部重：165千克（装高爆炸药42千克）
发射方式：+/-30度扇面发射	引信：触发延时+近炸引信

★MM40舰舰导弹

★ "飞鱼"MM40舰舰导弹模型

　　"飞鱼"导弹采用正常气动布局，弹头呈圆柱形，头部为尖卵形，长宽比15∶1。弹体中后部安置4个X形大后掠燕尾式弹翼，尾部装配4个X形梯形操控尾翼，弹体两侧各有一流线形侧鳍。弹体采用铝合金加工制造。

　　导弹由导引头舱、前设备舱、战斗部舱、发动机舱和后设备舱组成。"飞鱼"MM38舰舰导弹系统以单舰为独立作战单位，攻击目标为雷达视距内的中型舰只，同时也可以攻击小艇。

　　继MM38舰舰导弹获得了成功后，从20世纪70年代初开始，法航空航天公司在基本型MM38舰舰导弹的基础上又研发了MM38岸舰导弹、AM39空舰导弹、MM40舰舰导弹、MM40岸舰导弹以及SM39潜舰导弹，至今"飞鱼"导弹已发展成为具有不同射程的多系列反舰导弹。

　　MM38岸舰导弹是岸上机动型反舰导弹，系统由导弹、雷达、指挥车等构成。以导弹连为作战单位，每个连由一部雷达指挥所、四个发射排、一个运输排和一个维修班组成。所有电子控制设备均装在车辆上；每个发射排配备两辆发射车，每车装两枚导弹，发射装置和储存装置一样；运输排有两辆运输车，每车装载4枚导弹；维修班配备一辆维修车。

　　AM39空舰导弹是"飞鱼"导弹家族中的机载型，于1980年装备部队，并已销往许多国家。1982年马岛冲突中，阿根廷"超军旗"用一枚价值只有20万美元的AM39击沉了的英国最现代化的价值两亿美元的"谢菲尔德"号驱逐舰；两伊战争中，伊拉克使用"飞鱼"导弹毁伤了伊朗12艘舰艇，这充分显示了该导弹的作战威力。

MM40舰舰导弹是对MM38舰舰导弹的改进型号。MM40岸舰导弹是在MM40舰舰导弹基础上研发而来的岸上机动型反舰导弹，系统由导弹、TRS3410陆海雷达、指挥中心、发射装置和电源等组成。

SM39是飞鱼系列的潜射型导弹，也是飞鱼系列的最后一个型号。SM39采用动力运载器，从标准鱼雷管发射，水下可机动转弯，出水角度为45度。自1977年开始研制，1982年12月首次试射，1984年9月~1985年5月进行定型试验，1985年正式服役，共计定购150枚，开始不允许出口，后面对北约国家解禁。

SM39和AM39基本相似，但外形方面弹长缩短40厘米，翼展减少2厘米。制导部分采用了MM40的技术，导弹具备发射深度大、出水速度快、抗海浪性能好的特点。出水便可降低弹道，水下可作大角度机动转弯。

俄罗斯秘制导弹
——"花岗岩"反舰导弹

🚫 "花岗岩"导弹：俄罗斯的高度机密

要是一种武器既能在实战使用前高度保密，让对手连基本数据、性能乃至运用方法都一无所知，而且又具有一流的设计水准和高超的性能，那这种武器是否算得上超级武器？俄罗斯的P-700"花岗岩"超音速反舰导弹就是这样一款利器。虽然"花岗岩"导弹已经服役很多年了，但它的具体情况一直处于保密状态。

自研制以来，"花岗岩"的具体情况一直受到俄罗斯的严格保密。它从未公开透露过详情和照片。直到2000年8月13日，俄海军"库尔斯克"号核潜艇在巴伦支海参加北方舰队演习时出事沉没，该核潜艇上装载的"花岗岩"反舰巡航导弹才不得不揭开神秘的面纱。

"花岗岩"SS-N-19反舰导弹是20世纪70年代初开始研制的远程超音速巡航导弹。

"花岗岩"装备有大威力战斗部。因为航母拥有空前的抗打击能力，所以为保证导弹击中目标后能造成足够大的破坏力。"花岗岩"反舰导弹上装的是一吨重的战斗部，其率先部署在"基洛夫"巡洋舰，目前总共装备了两艘水面舰：一艘"库兹涅佐夫"号航母和一艘"基洛夫"级巡洋舰"彼得大帝"号。另三艘"基洛夫"级巡洋舰："海军上将乌沙科夫"号已报废，而"拉扎列夫"、"纳西莫夫"号根据官方消息，目前正在进行修复和翻新，预计2012年重新服役。

🚫 别出心裁：10多枚导弹中有一枚为指挥弹

★"花岗岩"SS-N-19反舰导弹性能参数★

弹长: 10.5米　　　　　　　**高空飞行:** 2.5马赫

重量: 6.98吨　　　　　　　**末端飞行:** 3.5马赫

最大射程: 500千米~550千米　　**装备:** 500kT当量核战斗部或750千克高爆战斗部

发射重量: 7吨　　　　　　　**制导系统:** 惯性/指令修正/主动雷达制导

　　"花岗岩"导弹的制导方式可谓别出心裁。在一次发射的10多枚导弹中，有一枚"指挥弹"，它在2.5万米高空飞行，把目标数据通过弹间数据链传输给在低空飞行的其他导弹，以保持低空导弹的隐蔽性。一旦"指挥弹"被击落，马上有一枚导弹升高负责继续"指挥"。进入敌方视界后，弹群才散开，各自开启导引头进行末端攻击。这样一方面可以防止"过杀"（重复攻击同一目标），另一方面可选择航母的关键位置攻击。

　　另外，"花岗岩"导弹还是一种很成功的潜射导弹，已装备7艘俄海军"奥斯卡"级潜艇，每艘装24枚导弹。2000年8月，当"库尔斯克"号核潜艇在巴伦支海失事时，艇上配有23枚花岗岩导弹，有一枚在潜艇失事前已作为训练弹发射出去了。

★"花岗岩"SS-N-19反舰导弹

⊘ "航母杀手"：无坚不摧的"花岗岩"

任何一支强大的军队都不可能没有精确制导导弹。俄罗斯的导弹研发和制造水平是世界领先的。因为决策失误，当年苏联海军在航母舰队的建设上输给了美国，最终只好装备具有远程打击能力的导弹的核潜艇舰队和巡洋舰作为制衡。具备远程打击能力的导弹就是指"花岗岩"导弹。目前"花岗岩"装备在俄罗斯海军的"彼得大帝"号核动力导弹巡洋舰和核潜艇上，并且有能力携带核弹头。

"花岗岩"是俄罗斯的第一代智能导弹系统，从潜艇或者巡洋舰上发射之后，第一枚"花岗岩"导弹在空中自行锁定打击目标，同时减速飞行，等第二枚直至最后一枚导弹发射脱离系统之后，采用"狼群战术"向目标发起攻击。在攻击过程中导弹自行具体确定由哪一枚、以何种次序来击中目标。这种捕猎方式的重点在于："狼群"自行锁定目标，自行确认目标重要性，自行确定攻击目标的战术和飞行路线。在"花岗岩"系统中已经输入目前投入服役的所有现代化海军舰艇的电子参数。所以"花岗岩"自己就能够识别目标，识别"猎物"是船队，是航母舰队还是登陆艇，从而进行有选择的次第攻击。

2009年，新一代的"花岗岩"已经具备反电子干扰能力。与"狼群战术"相仿，在对目标进行攻击时，导弹自行决定哪一枚将击中敌方目标，哪一枚导弹将扮演诱饵，成为敌方防空系统的牺牲品，哪一枚导弹将吸引敌方雷达和电子干扰系统等等。更为神奇的是，在摧毁敌方目标之后，"狼群"马上进行角色重组，再次投入到对敌方舰艇新一轮的攻击中。世界上还没有一艘军舰能够躲过"花岗岩"的攻击。敌方雷达系统能够监测到"花岗岩"发射，但导弹进入攻击阶段以后，任何防御系统均无反击之力。"花岗岩"的飞行速

★正在运载安装的"花岗岩"SS-N-19反舰导弹

度和它在海面上变化多端的飞行路线只能用神出鬼没来形容。

新一代的"花岗岩"是"方解石"（出口型称为"宝石"）。与"花岗岩"相比，"方解石"体积较小，在原有的"花岗岩"发射舱中可携带三枚"方解石"。这套系统的特点就是电子化程度和制导性能优越，还装备了改进后的发动机。除此之外，"方解石"不仅广泛用于海军，同样用于空军。一架"苏-33"型舰载战斗机可以携带3枚"方解石"导弹。

俄罗斯新一代反舰导弹
——SS-N-22舰舰导弹

◉ 三剑客之一：威力巨大的SS-N-22

享誉世界的俄制"舰舰导弹三剑客"中，SS-N-22最为强悍，因为对手几乎没有足够的时间去拦截它。SS-N-22"日炙"（又称"白蛉"3M-80E）舰对舰导弹是由苏联彩虹机械制造设计局在20世纪70年代后期开始研制的，采用了独一无二的组合冲压发动机技术，是世界上第一个使用整体式组合冲压发电机的实用型超音速反舰导弹。

1980年，SS-N-22研制成功，整个导弹武器系统，即导弹、C3I系统、发射指挥系统等称为"白蛉"。

从1980年开始在苏联海军中服役，至今约生产了700枚。据报道，印度已购买了该导弹，装备了"德里"级驱逐舰，每艘舰上装有两个双联装发射架，舰上装有"印德拉"火控雷达。另有报道说伊朗也购买了该导弹。

◉ 设计先进：难以拦截的导弹

"日炙"SS-N-22的设计思想是使敌方没有足够的反应时间来进行拦截，提高导弹的突防能力，用于打击美国装有"宙斯盾"防御系统和"标准"SM-2舰对空导弹的水面战舰。彩虹设计局针对"宙斯盾"系统的雷达探测距离、处理速度和"标准"SM-2导弹的发射加速度、最大过载系数、最小攻击距离等特性，设计了这种高速低空飞行"日炙"SS-N-22导弹系统。该导弹到达射程90千米处，仅需两分钟，因此能在"宙斯盾"系统完成探测、跟踪、锁定、判断、发射、导弹制导程序之前到达目标舰的防御区，有较高的生存能力和突防能力。

"日炙"SS-N-22导弹的射程基本型为90千米，改进型3M-82为120千米，改进型

★SS-N-22"日炙"舰对舰导弹性能参数★

弹长：9.385米	有效装药量：150千克
直径：0.76米	有效射程：120千米
翼展：2.11米	巡航速度：大于2.3马赫
发射重量：3950千克	巡航高度：20米
推力：2.10千牛	命中率：约94%
战斗部：300千克(半穿甲)	

X-41空对舰导弹射程为250千米；飞行速度2.3马赫；飞行高度为20米(末段掠海高度为7米)；单发命中概率约为94%；贮存一年半不需维修；有防核爆炸影响的能力。该导弹采用圆柱形弹体，尖锥形头部，尾段稍有收缩的布局结构。液体整体式火箭冲压发动机推动。在巡航段采用惯导系统导航，用无线电高度表控制巡航高度，末段用主被动雷达导引头制导，导引头开机后先是以被动状态工作，这样有很好的隐蔽性，如导引头未收到目标信号再转为主动状态工作。在电子干扰下，导引头将自动寻向干扰源。该导弹使用半穿甲爆破战斗部，质量为320千克，内装高能炸药，引信能延时引爆。设计者说，1～2枚导弹可使1艘驱逐舰失去战斗力，而1～5枚可击沉1艘2万吨级的商船。

　　"日炙"SS-N-22导弹目前装备4种水面舰艇。一种是956型"现代"级驱逐舰，用"音乐台"雷达做火控雷达。在舰的中前部上层建筑两侧的主甲板上装有四联装发射架，舰上只有装在发射架上的8枚导弹，无别的弹库。另一种是"勇敢2"号驱逐舰。它有4个单箱发射架，用西方称为"掌叶"的雷达做火控雷达。第三种是"塔伦图拉3"小护卫艇，这种艇现有16艘，每艘艇上装有两个双联装发射架，还有"拨针器"快艇，它装有两个四联装发射架。

★SS-N-22"日炙"舰对舰导弹

★吊装中的SS-N-22"日炙"导弹

　　"现代"级驱逐舰装有8个"马斯基特"导弹发射装置，布置在舰两舷。作战时目标数据送至导弹指挥仪，指挥仪解等射击诸元，通过射检发控台分两路控制导弹发射，导弹火技系统可对导弹进行目标分配。指挥员在确定攻击目标后，通过发往台装走导弹导引头、搜索角及风速、风向，此时可随时发射导弹，导弹发射后延迟数秒起飞。发射间隔为5秒。

　　"马斯基特"导弹武器系统由导弹、舰载火控系统、技术支援系统组成。该导弹的弹体全部由钛合金构成，以适应高速飞行(大于2.3马赫)时所产生的气动加热，并留有一定的热强度贮备。

　　该导弹动力装置采用俄罗斯(原苏联)独有的内含可脱落助推器的液体冲压组合发动机。它将常现液体冲压发动机与固体火箭发动机巧妙结合，技术简单可靠。四个半圆形进气道位于导弹中部，助推器置于发动机燃烧室中。发射后，助推器将导弹加速至冲压发动机的工作速度，而后，燃烧完的助推器脱落，此时整体式液体冲压发动机中可折叠的火焰稳定器展开，进气道挡板破碎，开始进气，点火器点火，发动机开始工作。

　　制导方式为"发射后不管"，采用自控(自动驾驶仪)、无线电高度表及主被动复合雷达末制导。在自控段采用自动驾驶仪，既能满足控制精度要求又可降低成本。无线电高度表的测量误差很小，低空飞行高度波动仅为0.5米～1米。末制导雷达采用主动(波长2厘米)、被动(波长3厘米)复合制导体制。被动雷达在飞行中不断接收目标辐射信号，用以修正飞行弹道。当主动雷达捕捉到目标后，导弹转入主动雷达制导，波导引头可抗多种干扰及6级海杂波。雷达作用距离较远，天线搜索范围宽。

　　该导弹的发射方式为固定箱式发射，发射扇面为±60度。发射箱固定安装在舰艇上，内有空气调节系统，允许多次发射，经维修后可继续使用。导弹装填的过程是利用一个前置式延伸支架与发射架对接，然后将导弹吊至支架上，再滑入发射箱，完成装填。该导弹有较好的可靠性及可使用性，上舰完好率高，使用维护简单且保存期较长，处于作战状态的导弹可在舰上存放一年以上，而且到期后还可再延寿以保证使用。其钛合金弹体能满足'三防'要求(防水、防潮湿、防烟雾)，可在恶劣的环境条件下使用。

除导弹采用自动化测试设备以外，技术阵地还配置有检测、运输、装填、加注等车辆，以完成导弹测试、装填、加注、运输等任务。整个测试由计算机控制，通过检查站、机件站、目标模拟器对多个参数进行自动检查。检查时间15分钟，检查结果如各种参数、偏离允许值百分数和超差值等则通过打印机输出。

🚫 威慑美国："日炙"导弹为美国航母克星

2007年4月27日，美军动用部署在海湾地区的"艾森豪威尔"号和"斯坦尼斯"号两个核动力航空母舰战斗群、百余架战机和超过1万名军事人员在伊朗海域附近开始进行大规模海空军事演习。美军此番军演颇耐人寻味。

与此同时，美国媒体引用军方高层消息披露，伊朗可能拥有航母"杀手"——超音速俄制"日炙"反舰导弹，而目前美国还没有办法对付。

不过，基地设在巴林的美国第五舰队指挥官凯文·安达尔将军说，美方举行演习无意威胁伊朗；伊朗海军也在同一海域内演习。他说，军演的目的只是"为维护本地区稳定与安全"。但他也警告说，如果本地区出现"不稳定因素"，那一定是来自伊朗方面。安达尔并未透露美国军方是何时作出进行此次军演决定的，但称演习将持续数天。

另外外界还注意到，法国唯一的核动力航母"戴高乐"航母战斗群也于近日悄然驶抵海湾，加入美军在海湾的军事集结。它的加入使得在海湾地区对伊朗能够实施打击的航母战斗群增加到3个。但安达尔却表示，法国并未参加此次美军军演，法国航母在这个时候加入美军，目的是为北约部队在阿富汗的行动"提供支援"。

就在美国航母进行演习前几天，美国国防部一名不愿透露姓名的官员警告说，伊朗可能从俄罗斯购买了"日炙"反舰导弹。俄制"日炙"导弹是专门攻打航母的，美国海军虽为航母作战群配备极先进的"宙斯盾"防空系统，但美海军对"宙斯盾"系统能否拦截这种导弹没有信心。美国海军退役少将、前驻华武官麦克瓦登少将解释说，"日炙"飞得既快又低，美军航母作战群虽然配备了最先进的"宙斯盾"防空系统，但要到导弹很近时才能发现。然而，此时拦截已来不及。"日炙"导弹作战时，可使用一枚370千克左右的半穿甲弹头，攻击160千米远的航母。它也可携带一枚20万吨当量的核弹头作战。美军有人警告说，面对"日炙"的存在，美军大型航母很可能成为"漂浮的海上死亡陷阱"。

正因如此，美军航母很害怕伊朗拥有"日炙"导弹，美国国防部官员透露说，在20

世纪90年代俄罗斯向伊朗提供"基洛"级常规潜艇时，曾主动向伊朗提供"日炙"反舰导弹。只是美国还没掌握确切证据表明"日炙"导弹已经销往伊朗。然而，俄罗斯军工企业正把"日炙"导弹向全世界推销。在中东地区最大的一次武器展中，俄罗斯还展出了"日炙"反舰导弹。美国海军情报办公室在2004年海上威胁报告

★正待运载的SS-N-22"日炙"导弹

中曾透露，伊朗购买俄罗斯潜艇时，可能采购了"一些很先进的反舰导弹"。

美国国防部武器测试办公室认为，伊朗拥有"日炙"导弹，不仅严重威胁美军航母，而且美军将无法确保霍尔木兹海峡的畅通。目前，世界石油运输的25%经过伊朗南部的霍尔木兹海峡。其中，西方国家经济发展所需的石油有很大一部分来自波斯湾地区。

美军方还特意提到中国也部署了"日炙"导弹。美国海军情报办公室一位发言人说，中国是在2002年采购俄罗斯潜艇时购买"日炙"的。近年来，西太平洋美军侦察机曾吃惊地发现，中国海军进行反舰导弹试射时，"日炙"相当精确，居然成功地击中靶舰舰桥的大型"X"字，彻底摧毁了目标。美国海军情报办公室认为，一旦台海发生冲突，如果航母被"日炙"摧毁，解放军将可以"走进"台湾。

美国国防部武器测试办公室高级官员克·斯迪说，他从2001年走进办公室就知道"日炙"导弹对航母的威胁，但迄今航母仍无法解决这个大问题。近几年来，美国海军曾试图仿制"日炙"导弹，以便找到对付的办法，但一直没有成功。

美国海军航空系统司令部发言人库恩表示，海军正考虑开发一个专案，试验对付"日炙"导弹的办法。

分析人士认为，印度洋美军航母如果要对付"日炙"反舰导弹，最主动的方式就是提前发现伊朗携带"日炙"导弹的战舰，在"日炙"没有发射前，将战舰摧毁。然而，波斯湾北部沿岸地区地形比较复杂，伊朗战舰很容易隐蔽在一些小岛上，也可迅速机动，美航母预警机和间谍卫星不一定能及时发现。

5 岸舰导弹

海岸神箭

沙场点兵：登陆舰的克星

　　岸舰导弹是指从岸上发射攻击舰船的导弹，亦称岸防导弹，海军岸防兵的主要武器之一。配置在沿海重要地段和海上交通咽喉要道两侧。与海岸炮相比，射程远，命中率高，破坏威力较大，但易受干扰。

　　岸舰导弹由弹体、战斗部、动力装置和制导系统等构成。射程数十至数百千米，飞行速度多为高亚音速。由飞机、直升机、舰艇或卫星进行中继引导时，可攻击雷达视距外的海面目标。与地面指挥控制、探测跟踪、检测、发射、技术保障系统等构成岸舰导弹武器系统。分为固定式岸舰导弹武器系统和机动式岸舰导弹武器系统。

　　岸舰导弹通常是由舰舰导弹、空舰导弹或地地导弹改装而成。20世纪50年代，苏联首先研制岸舰导弹。

　　20世纪60年代后，中国、法国、意大利、瑞典、挪威、英国等，相继研制生产岸舰导弹。在马尔维纳斯(福克兰)群岛之战中，1982年6月12日，阿根廷部队从岸上临时阵地发射"飞鱼"MM-38导弹，击中英国"格拉摩根"号导弹驱逐舰，使其受创。其发展趋势主要是增大射程，研制机动式岸舰导弹，建立指挥控制中心和数据链传输系统，实施隐蔽攻击，提高机动能力、抗干扰能力和生存能力。

★ "飞鱼"MM-38型反舰导弹

⊗ 兵器传奇：岸防火力的革命

岸防导弹的出现，带来了岸防火力的革命。何为岸防火力，举个例子，比如敌军开着军舰来攻打我方领土，那岸上的火炮就可以向敌军舰射击，用一切办法阻止敌人登陆。所以，岸防火力与入侵和反抗就相伴而生。为防备敌国的进攻，各国一般都会在国境一线部署重兵。到公元前后，为抗击敌国从海上入侵，在一些濒海国家陆续出现了岸防设施和兵力。公元14～15世纪，随着配备岸防火炮的濒海要塞的出现，岸防兵开始在一些军事大国逐步形成。18世纪以后，许多国家先后将岸防兵列入海军序列，正式组建海军岸防兵。

岸舰导弹系指从岸上发射、攻击敌水面舰船的导弹，是海军岸防兵的主要武器之一。与岸炮相比，岸舰导弹具有射程远、精度高、威力大等优点，被称为海岸保护神。从诞生到如今，岸舰导弹已经走过了半个多世纪的历程，它和舰舰导弹、空舰导弹、潜舰导弹一起组成了反舰导弹大家族。然而，作为一种防御性武器系统，岸舰导弹具有许多自身无法克服的局限性，其发展速度远远赶不上舰舰导弹和空舰导弹发展的步伐。尽管如此，岸舰导弹仍将是沿海各国岸防体系的重要组成部分，在新世纪继续扮演海岸防卫者的重要角色。

20世纪中期，苏联的海军力量与西方国家相比还比较弱，特别在航空母舰方面更是无法与西方国家竞争，于是便选择了反舰导弹作为对抗的重要武器，这在当时不失为一种高明的"非对称"战略决策。

当时，苏联最早的岸舰导弹"幼鲑"（SSC-2B），实际上是一种无人驾驶飞机，只是外形尺寸和重量都很大，与"米格-15"战斗机很相似。以后，苏联的岸舰导弹发展迅速，很快便走在了世界前列。而当时的西方国家认为，反舰导弹在海战中并不会有多大作用，所以根本没有把它放在眼里。

在第三次中东战争中，埃及用导弹艇发射了4枚"冥河"反舰导弹，一举击沉了以色列的"埃拉特"号驱逐舰，成功地开创了反舰导弹用于实战的历史先河，这使得世界为之一震。面对这一事实，西方国家开始检讨自己对反舰导弹的看法，并迅速加入了发展反舰导弹的行列。于是，从20世纪70年代初开始，第二代反舰导弹迅猛发展，且种类和数量猛增，并陆续在许多国家的海军中服役。

这一时期，高新技术在军事领域里的革命，也使得岸舰导弹在综合性能上出现了许多新突破：动力系统采用火箭发动机；制导系统多为具有"发射后不管"能力的自主式制导；飞行弹道降低到掠海飞行的高度，使敌方难以发现和拦截；导弹外形也向着小型化加速发展。这期间的反舰导弹主要有"奥托马特"、"飞鱼"和"企鹅"等，它们同时又都具有岸舰型号。

待到第三代反舰导弹开始装备部队，在推进技术上已采用了高效率、小型化的涡扇发动机，从而使导弹的射程大幅增加，达到了数百至上千千米。在制导技术方面，采用了更加先进的电子技术，同时发展了超视距制导技术。而且在设计上，广泛采用了模块化系统，增强了通用性，使反舰导弹进一步成系列地迅速发展。

现代最著名的岸舰导弹之一是法国的"飞鱼"MM-38。它是在大名鼎鼎的"飞鱼"舰舰导弹基础上发展起来的，最大射程42千米，属于近程岸舰导弹。它巡航高度15米，能超低空飞行，不易被敌方发现和拦截。"飞鱼"MM-38岸舰导弹系统由导弹、雷达和指挥车组成，以导弹连为基本作战单位。后来发展的"飞鱼"MM-40，也有岸对舰型号。法国海军认为，在法国的海岸线上，只需要部署几个岸防导弹连，就可以对敌舰队构成强大的威胁。

意大利和法国联合研制的"奥托马特II"型岸舰导弹是在其舰舰导弹的基础上发展出来的。整个武器系统由导弹、发射平台、探测制导设备、火控系统、发射装置、第二制导站等组成。它的超视距目标指示系统和中继制导系统，是世界上同类系统中最具代表性的，其最大射程可达180千米。美国的"鱼叉"反舰导弹最初只有空对舰和潜对舰型，后来为了出口的需要又发展了岸对舰型。据悉，在美国和利比亚的锡得拉湾冲突中，"鱼叉"反舰导弹曾经有过上好的表现，发射的两枚空舰导弹和两枚舰舰导弹，全部命中利比亚的导弹艇，但其岸舰型尚未有作战记录。

岸舰导弹最初的成功战例是发生在著名的马岛海战中。那一次战争中，"飞鱼"岸舰导弹的成功运用，使它立刻成为军火市场上的抢手货，而且在短短几年间，已有近20个国家以100多万美元一枚的价格购买了上千枚"飞鱼"导弹。

据有关报道，在20世纪80年代的两伊战争中，伊朗和伊拉克从各自的海岸阵地向对方的水面舰艇、油轮、海上平台和岸上设施等不同目标，发射了大量的岸舰导弹，由于双方当时对反舰导弹的防御能力都很弱，所以导弹的命中率很高。在现代高技术战争中，随着由海向陆的濒海作战方式成为强权国家干涉地区冲突的主导作战方式，越来越多的主战舰艇、两栖舰船将远涉重洋，从近海水域向海岸线发起全方位打击和实施立体登陆，这样，就大大增强了岸舰导弹的作用。因而有关专家指出，21世纪

★MM-40"飞鱼"舰舰导弹的发射瞬间

只要有海岸线的主权国家就会有海岸防御的客观急需，所以岸防导弹系统必将会以崭新的面貌登上战争舞台。

"一弹多用"将成为今后反舰导弹的一个重要发展方向。即同一种类型的反舰导弹可以适用于不同的发射平台，达到舰射、空射、潜射和岸射通用。岸舰导弹特有的优点，是它们拥有以陆地为依托、生存力相对较强的发射阵地。所以，发射阵地的选择和构筑是

★ "奥托马特"导弹

至关重要的。未来，各种兵力机动作战能力的迅速提高，使得今后岸舰导弹必将以机动式配置和机动式作战为主。同时，随着空中威胁的日益严重，岸舰导弹必将转入地下或以车载实施机动，从而实现疏散隐蔽配置，以提高战斗力和生命力。

发展远程岸舰导弹也是一个重要方向。即增加导弹射程，增大导弹作战空间，以有效地捕捉战机，扩大其用武之地。导弹突防，历来是岸舰导弹作战的大问题。随着防御导弹技术的发展，导弹突防问题越来越显突出。当前，各国主要是使岸舰导弹在超音速技术和隐形技术上融合起来，使敌方难以及时发现和拦截。具有智能化制导能力的导弹，可以自行确定最佳搜索路线和搜索区域，自主进行目标识别和目标选择，能够进行战术态势评估、主动采取抗干扰手段、选择最佳命中点和最佳引爆时机，因而能够达到最佳作战效果。事实上，目前一些国家已经有一批岸舰导弹，如"鱼叉"、"飞鱼"等具有了一定的智能化制导能力。可以说，未来岸舰导弹全面走向智能化，必将会使其战斗力产生巨大飞跃。

🌐 慧眼鉴兵："海军岸防兵"

在导弹历史上，人们称岸舰导弹为"海军岸防兵"。那么岸舰导弹是像炮台那样固定的，还是被装在车上机动发射呢？一般认为，岸舰导弹分为固定式岸舰导弹武器系统和机动式岸舰导弹武器系统。

固定式岸舰导弹武器系统的导弹及其发射控制系统，配置在坚固的永备工事内，有固定的发射点和射击区域，阵地分散隐蔽，能连续作战；为获得较远的作战距离，其目标搜索指示雷达通常配置在高地上。

机动式岸舰导弹武器系统的各组成部分及其指挥操作人员，装载于车辆上，战时可驶入预先或临时选定的阵地投入战斗，并可随时转移。为能连续作战，每个机动式岸舰导弹部队，都拥有供应维修车和装载导弹的重新装填车。

机动式岸舰导弹由于从陆地发射，其结构、重量、尺寸和各种地面设备可以不像其他反舰导弹那样受到发射平台的严格限制。目标探测、指挥和发射装置的部署方式也可以因地制宜，利用地形、地物的有利条件，以保证其处于最佳工作状态，并有较高的隐蔽性。由运输-起竖-发射车和多联装贮运发射箱组成的发射系统不仅提高了机动转移能力，减少了车辆，简化了勤务维护手续，而且还增强了火力强度。一个导弹连在发射阵地上的车辆减少到只由1辆雷达车、1辆指挥车和3辆各装载6枚导弹的发射车组成，具有18枚导弹的点射、连射或齐射能力。

机动式岸舰导弹在作战中用直升机搜索并捕获地面雷达难以发现的远方目标，地面雷达则测定直升机位置。指挥车上的地面指挥中心将两者送来的数据分析处理后，便可确定目标的位置。发射车根据指挥车下达的命令和指令发射导弹攻击目标。

机动式岸舰导弹武器系统通常由导弹、雷达车、指挥车、导弹贮运-起竖-发射车和进行检测、维修工作的技术保障车等部分组成。地面设备之间靠无线电通信联成一体。由于雷达车上的地面雷达的最大探测距离大多小于50千米，因此，对于超过雷达最大探测距离的目标，常用直升机机载雷达探测，一般可为岸舰导弹提供200千米以内的目标信息。

俄罗斯岸防新卫士
——"巴尔"-E岸舰导弹

◎ 神秘亮相：俄罗斯的创汇经典

在海上武器装备技术发展日新月异的今天，海岸线长、海上作战力量相对薄弱的国家一直担心有朝一日会遭到敌国来自海上舰艇的"狼群"式攻击入侵，而短期之内发展壮大海上战群是不现实的纸上谈兵，于是沿海岸线部署反舰导弹就成为可行之举，岸舰导弹以其高精确、低损耗、隐蔽性强的技术战术性能，无疑成为可以依赖的海防中坚。

在众多岸舰导弹家族之中，俄罗斯（包括苏联）从自身国防和出口创汇的需要，研制了多种不同类型的岸舰导弹，其军事技术水准堪称世界一流，其中，一直处于严密试制状态下的俄罗斯新一代岸舰导弹"巴尔"-E(BAL-E)的战术技术性能备受外界关注。

据有关方面人士猜测"巴尔"-E可能从20世纪80年代初期便开始研制，属中程机动岸防导弹武器系统。"巴尔"–E其含义不详，只知道它不是导弹的名称，而是武器系统的名称，由于长期处于保密状态，目前透露的数据还很少，更不知道何时能够装备服役。此前，没有见到对此导弹系统详细的报道，有关这种导弹的性能，外界还只是处于猜测状态。

还有消息称，俄罗斯长期研制该导弹似乎不是为了尽快装备本国军队，而是造成悬念利于出口。

⊘ 机动性强：在无准备状态下也可以投入战斗

★"巴尔"–E导弹系统"天王星"导弹性能参数★

弹长：4.2米	巡航高度：20米
弹径：0.42米	末端掠海高度：5米
翼展：1.02米	动力装置：小型喷气发动机，可使导弹全程速度
弹重：600千克	保持在0.9马赫。
最大射程：130千米	

"巴尔"–E属于中程机动型岸防导弹武器系统，它可以全天候作战，受气候条件影响小，更不受昼夜的制约。由于整个系统能够自主移动，根据作战需要，可以随时转移阵地，将它部署在沿岸阵地、海峡地带、悬崖边，可以攻击距离120千米以内各种水面上的入侵目标，包括不同型号的战舰、快艇，甚至可以摧毁登陆作战的装甲车辆。无论是在火力打压、无线电子干扰，还是在敌方施放放射物、化学物质或细菌干扰等恶劣的作战环境

★装载完毕的"巴尔"–E导弹系统

下，"巴尔"-E都可以在广域上杀伤入侵敌方，即使是在无准备状态下，"巴尔"-E系统也可比较迅速地展开，转入阵地作战。

该系统由以下几个部分组成：

导弹KH-35E。KH-35E（西方称为"天王星"）属于亚音速导弹中的高速导弹，导弹头部并不是很尖，弹体采用三组翼片设计。巡航飞行高度10米～15米，极限飞行高度低界仅为4米，这样的攻击高度是让目前世界上所有舰艇都会感到恐惧和几乎无法有效对付的入侵高度，它能够比较轻松地躲过雷达和红外搜索，最终命中目标。同其他中远程岸防反舰导弹相比，KH-35E体积较小，这是因为俄罗斯人在导弹发动机结构设计方面的技术高超，整体设计结构紧凑，减少了发动机的体积，从而降低了导弹的负载，提高了导弹的飞行速度和机动能力，显而易见，导弹的杀伤能力也大幅度地增强了。导弹采用主动雷达寻的加惯性复合制导体制。导弹被装在密封的圆管形发射箱内，发射箱内配有导弹弹翼、驾驶舱和稳定仪的托架，弹翼在发射出箱的瞬间展开。每枚导弹从指挥控制车上获取指令和目标指示数据，保证在60秒内发射出箱，如果采用导弹齐射的方式发射导弹，那么两枚导弹发射间隔时间仅为3秒。系统也可以在特殊配备的探测仪器和目标指示设备或者获取外界信息源的指令下，采用自动工作方式发射导弹。

"巴尔"-E的机动型导弹发射车和其他几个分系统都装备到一个战车上，该发射装置称为导弹发射车。系统采用密封圆管形发射箱装载和发射导弹，每个发射箱装有一枚导弹，8个发射箱用钢架固定联成一个八联装发射架，装在车底盘的后部，一个典型的导弹作战营有四部发射车，满负荷配备共计32枚导弹。平时和行进途中，发射箱和车纵轴平行放置，需要发射时，发射车可以依靠自身供电设备用液压启动，使发射架转向目标方向昂起呈35度角发射导弹。车底盘的前半部设有一个车厢，车厢内装有导弹测试和发射操作设备、通信设备、观测设备等。该车由6人操作，车重40吨，其中设备占38吨。

★俄罗斯"巴尔"-E导弹系统

"巴尔"–E的导弹运输装填车。每辆发射车都配有一辆补给导弹车辆，称为导弹运输装填车。同样可以自行移动，该车底盘上装有准备好的八联装导弹。车底盘后部装有一台液压启动机和灵巧而又有力的机械手。机械手就像翘起的蝎尾，可以一次性地从装填车上抓起八联装发射架平稳地安放在发射车上，相反操作更是顺利。

"巴尔"–E系统的火控部分同样装载在自行移动的车底盘上，即指挥控制车，主要负责各种信息的搜集和处理、指挥全系统的作战和行军转移等，若将导弹比喻成出击的"拳头"，那么指挥控制车是指挥作战的"大脑"。该系统有两辆指挥控制车（一辆备用），其中一辆指挥控制车上的雷达用于测定近距离目标；备用指挥控制车则探测远距离目标，并用于接收远距离观测站、上级提供或者是其他外来的信息。车上有一个大车厢，车厢分前、中、后三个隔舱，前舱和中舱是加压的。前舱内装有雷达仪表设备、目标分配和指令发射的指挥控制设备、通信设备、夜视设备以及生活保障等设备，7名操作人员也在该舱内。中舱内主要装有电机等设备。后舱内装有雷达天线和天线升降设备。指挥控制车重38吨，其中设备的重量为16.5吨，燃料700升，耗油率为80升/100千米。可以看出，缺点是耗油偏高、设备质量大，势必影响行军和展开部署。

"巴尔"–E的技术维护车。为了更好地保障系统正常使用，设计者特别为整个系统配备了技术维护系统，包括自动检测系统和燃料、电气补给系统。

"巴尔"–E的导弹发射车、指挥控制车和运输装填车都采用白俄罗斯制造的"玛兹"7930型载车。其动力和机动性能世界闻名，俄罗斯大型武器装备绝大多数采用"玛兹"为载车。现代信息化战场上，在遭到视距或非视距攻击后，受到攻击的一方可以准确地测定出攻击点的方位坐标，并且迅速组织还击。"巴尔"–E机动性好是该型导弹系统的优势所在，当任务完成后可迅速组织转移，一方面有效地攻击了对手，另一方面又做到全身而退。系统还采用灵活的模块化设计方案，可以根据不同路况和阵地、目标和射击距离，改变导弹装填的数量，更改车底盘，例如"卡玛斯"、"塔特拉"等比"玛兹"小一号的载车。

⊘ 岸防专家：兼顾机动性和攻击性的"巴尔"-E

一个"巴尔"–E导弹系统的导弹营的标准装备包括：两辆指挥控制车、四辆发射车、四辆运输装填车和一辆维修车。系统所有作战车辆都配备了相应的通信设备、地形联测、定位和导航设备、化学仪器和无线电侦察设备、目标探测和目标指示仪、夜视仪、空调换气系统以及动力强劲的燃气涡轮交直流发电机，各车都具有独立生存的能力。导弹营的阵地可设在海拔0～1000米之间的任何坑道或山丘的后面。

获得目标数据后，由导弹营指挥控制车组织作战，根据目标所在区域指定适宜的发射

★发射过程中的"巴尔"-E导弹

车发射导弹，可单独发射或齐射，也可指定多辆发射车协同作战，造成密集的饱和攻击。当敌方战舰采取"狼群战术"攻击沿岸时，"巴尔"-E便可以采用集体协防的方式，同时指挥控制4辆发射车，发射32枚导弹打击对手，第二次齐射准备时间需要30分钟。每辆指挥控制车可以单独作战，也可以协同作战，根据战备等级和入侵目标数量选择在战场作战中的指挥控制车的数量，如果其中一辆不幸遭到敌方重创，导致无法正常指挥，另外一辆可以保障独立作战。指挥控制车是整个系统的中枢，它的职责是探测水上目标，处理目标指示数据，可以同时制导导弹攻击六个目标，处于发射阵地的指控车无论是在展开或是在移动状态下，都可以正常指挥工作。系统雷达能够采用主动和被动两种工作体制进行搜索目标和目标指示，前者是只采用一部指挥控制车，利用主动雷达探测的方式搜索目标，后者是为了更好地隐蔽保护自己，两部指挥控制车协同作战时，采用被动雷达探测的方式搜索目标。系统也可以从外部更高一级的警戒雷达或其他特殊探测设备获取信息，指挥整个系统精确分配导弹，攻击不同方向的入侵兵器，一部发射车可以同时攻击一个目标或者几个目标。

由此看来，"巴尔"-E导弹系统的机动性和攻击性都很强大。然而就在2008年，该型导弹研制方在俄罗斯权威媒体《军事检阅》上宣称，在2004年，该型武器系统已经成功地通过了国家正式试验。无论是在工厂的数据测试，还是在国家靶场上的打靶试验，所获得的数据和实际效果表明，"巴尔"-E岸舰导弹已经令俄罗斯海军武器装备采购部的技术官员们折服，他们对"巴尔"-E绝对苛刻的要求，该武器系统都可达到。

据导弹总设计师玛斯洛夫和导弹总体研制企业经理毕特罗先科介绍，"巴尔"-E岸舰导弹系统是为了取代本国研制的岸舰导弹"防线"而研制的全新一代岸防反舰导弹系统，"防线"导弹系统是原苏联彩虹设计局1979年研制定型的岸舰导弹系统，至今仍然在包括俄罗斯在内的八个国家服役，服役表现颇为不错。岸舰导弹"巴尔"-E武器系统由俄罗斯机械制造设计局(集团企业)牵头研制，同其合作专门研制该系统的试制单位超过20家，其中包括世界著名的俄罗斯导弹系统研制企业"无线电仪器设计局"和"花岗岩设计局"。玛斯洛夫对"巴尔"-E充满信心，他相信该系统以其优异的战术技术性能，完全可以保卫海岸免受敌国入侵，并拥有可观的国外市场。

法兰西的"世界级"导弹
——MM-38"飞鱼"岸舰导弹

◎ 法兰西的岸防坚兵：MM-38"飞鱼"岸舰导弹

"飞鱼"是法国航空航天公司研制的一种舰艇和地面车辆发射的高亚音速中近程反舰导弹，MM-38是"飞鱼"反舰导弹族的第一型导弹。该导弹用于装备各种水面舰艇和地面车辆，既用做舰对舰导弹，又可用做岸对舰导弹；既可用于攻击大中型水面舰艇，也可攻击小型快艇。1967年研制，1972年装备部队。

MM-38岸舰型导弹是在MM-38舰舰导弹基础上研发而来的岸上机动型反舰导弹，系统由导弹、雷达、指挥车等构成。以导弹连为作战单位，每个连由一部雷达指挥所、四个发射排、一个运输排和一个维修班组成。所有电子控制设备均装在车辆上。每个发射排配备两辆发射车，每车装两枚导弹，发射装置和储存装置一样；运输排有两辆运输车，每车装载4枚导弹；维修班配备一辆维修车。

◎ "掠海飞行"："飞鱼"可以逃避敌人的视线

★MM-38"飞鱼"舰（岸）对舰导弹性能参数★

弹长：5.21米	反应时间：冷状态60秒，热状态30秒
直径：0.348米	发射间隔：2分钟~55分钟
翼展：1.004米	发射重量：735千克
动力装备：2级固体火箭	制导方式：自控加自导
射程：4千米~42千米	引信类型：触发和近炸
速度：0.82马赫	命中率：95%

★飞鱼导弹家族

"飞鱼"导弹装弹箱呈长方体，箱体表面呈螺纹形。

"飞鱼"导弹为尖卵形弹头，圆柱形弹体，有两组控制翼面，第一组位于弹体底端，4片，较小，梯形，燕尾式布局；第二组位于弹体中部，4片，前后缘均后掠，前缘后掠角大于后缘，面积较大。

该导弹的主要特点是体积小、重量轻。采用两组固体火箭发动机推进和较轻的半穿甲爆破型战斗部，尺寸和重量比以往同类射程的导弹小得多。单舰装弹多，可大幅度增强单舰的火力。

该导弹采用了先进的无线电高度表控制导弹的飞行高度，使导弹的巡航高度降到15米（苏联的冥河为300米）；飞行末段两次降高，当飞到距目标12千米时，降到8米高度，飞到距目标5千米时，降到4.5米～2.5米的高度。在较长时间内，被攻击舰艇的雷达无法探测到导弹，突防能力较强。

该导弹采用小角度发射，使飞行最高点降到约30米，从而提高了导弹的突防能力。

该导弹采用了半穿甲爆破型战斗部，利用导弹的飞行速度，使弹的战斗部穿过目标舰的甲板，进入舰体内爆炸，从而更有效地利用战斗部的爆破能量。

该导弹有±30度的发射扇面，只要目标出现在扇面内就可以发射。发射后导弹自动转向目标方向飞行。

"飞鱼"导弹装弹箱实现了贮存、运输、发射一体。导弹使用环境条件较好，提高了导弹的可靠性。

🚫 "飞鱼出击"：MM-38击沉"格拉摩根"号驱逐舰

"飞鱼"曾出口到20多个国家，在英阿马岛战争中首次投入空战。1982年5月，英阿马岛战争期间，阿根廷从岛上发射的MM-38"飞鱼"岸对舰导弹，击伤一艘英国的格拉摩根号导弹驱逐舰。

1982年5月24日阿空军改变了战略战术，转而袭击英国的两栖舰，虽然一些炸弹命中了目标，但阿军炸弹实在是太老旧了，好多都没有爆炸，影响了轰炸效果。

5月21日和23日阿军对英军展开的疯狂空袭虽然损失了阿方20多架飞机和多名飞行员，但25日，阿根廷再一次倾力出击，对英军实施了空袭。在战斗中，英军"大刀"(Broadsword)号护卫舰被击中，上载的山猫直升机被击毁。英军"考文垂"号驱逐舰也被阿天鹰攻击机投放的1000磅的炸弹击中了船舷，正中要害，被击沉。

然而在当天晚些时候，英军遭受了开战以来最大的打击，阿军向"无敌"号航空母舰发射了两枚飞鱼导弹，虽然电子对抗措施使攻击"无敌"号的两枚导弹偏离了打击路线，但其中一枚正好击穿了"大西洋运送者"号货轮，由于火势失去控制，最终沉没，随船沉没的还有上千吨支援英军地面部队登陆的重要物资，其中还包括几架直升机。这些飞机是用来运送攻打斯坦利港的英地面部队的。尽管损失惨重，没有了空中机动能力的英海军陆战队和陆军部队还是在26日徒步从滩头阵地出发，进攻斯坦利港。

随着战争伤亡的不断增加，此时阿根廷空军部队仅仅只能发动极为有限的进攻了。在岸上，训练有素的英军地面部队虽然经常会遇到无论装备性能还是部队规模都占优势的阿军的抵抗，但英军还是不断获胜。

6月8日，阿军再一次出动大批飞机空袭在希拉夫湾滩头的英军，击伤了英国"普利茅斯"号护卫舰，击沉登陆舰两艘，给威尔士卫队造成了重大伤亡。但此时英军在岛上的地面部队力量已大大增强，已经有足够的兵力来将这场战争进行到底了。很快英军控制了斯坦利港外围，修筑了壕沟，对阿军形成合围之势。

当岸上的英军地面部队向阿军防线连续猛攻的时候，英国海军的舰艇也以舰炮不断轰炸阿军地面部队。面对力量不断增强的英军，被逼无奈的阿岸防部队唯一的反击就是用最后一枚岸基飞鱼导弹击中了英国"格拉摩根"号驱逐舰，击伤了舰上的机库和船尾的导弹发射装置。但"格拉摩根"号驱逐舰的受伤不可能延缓战争的进程，MM-38"飞鱼"岸舰导弹也不可能改变战争的形势。驻马岛阿守军总司令意识到无谓的牺牲已经不可能改变战争的形势真正改变战争的结果，请求在6月14日晚停火。

MM-38"飞鱼"岸舰导弹击伤"格拉摩根"号驱逐舰的事实，足以证明它的强大火力。

★MM-38导弹的发射一瞬

6 巡航导弹

长途奔袭的精准杀手

🌀 沙场点兵: 高技术战争中的主角

巡航导弹是导弹的一种，即主要以巡航状态在稠密大气层内飞行的导弹，旧称飞航式导弹。巡航状态指导弹在火箭助推器加速后，主发动机的推力与阻力平衡，弹翼的升力与重力平衡，近于恒速、等高度飞行的状态。在这种状态下，单位航程的耗油量最少。其飞行弹道通常由起飞爬升段、巡航(水平飞行)段和俯冲段组成。

巡航导弹与其他导弹相比具有三个主要特点:首先，它体积小，重量轻，便于各种平台携载;其次，它射程远，飞行高度低，攻击突然性大;第三，它的命中精度高，摧毁能力强。

尽管巡航导弹优点众多，但是它同时也存在一些弱点。巡航导弹上计算机系统内输入的地貌数据信息(信息是从空间获得经处理后的地貌照片)精度不高，导弹上的测高仪会受到干扰的影响，难于保障导弹对小丘陵等的绕障飞行。巡航导弹系统本身会由于地形、季节、天气变化和输入信息老化而迷航。巡航导弹飞行速度慢，飞行高度低，其弹道呈直线，航线由程序设定，无机动自由，在目标区域巡航导弹无垂直机动，用简单方法即可有效地同其对抗。巡航导弹的全球卫星定位系统特别容易受到干扰。伊拉克战争中，美军的巡航导弹装备的GPS多次受到干扰，导致误伤事故。

尽管巡航导弹还存在很多不足，但作为一种远程精确制导的高技术武器装备，巡航导弹已成为以"非接触精确打击"为主要特点的新作战思想的重要支柱，在高技术局部战争和军事冲突中发挥了重要的威慑和杀伤作用。2008年，全世界共生产和装备各种型号的远程巡航导弹约8000枚，主要集中在美国和俄罗斯。未来，巡航导弹将被大量装备和使用，这使巡航导弹防御技术变得越来越重要。

🌀 兵器传奇: 战场上的开路先锋

巡航导弹问世于第二次世界大战，纳粹德国于1944年6月开始装备世界上第一种V-1巡航导弹。二战后，美国和苏联都在V-1导弹的基础上，研制各种巡航导弹。

到20世纪70年代末，随着精确制导技术的发展，巡航导弹进入了新的发展时期，美军先后研制出了军BGM-109"战斧"式巡航导弹等一批导弹，苏联研制出了SS-N-21、SS-N-3C巡航导弹，以及SSC-X-4陆射巡航导弹等。在20世纪晚期的局部战争中，这些巡航导弹大显身手。

在1991年1月17日凌晨爆发的海湾战争中，美国首先运用了54枚"战斧"巡航导弹

★美国BGM-109"战斧"式巡航导弹

★苏联SS-N-3C巡航导弹

对伊拉克境内的指挥中心、防空设施、C3I系统、首脑机关等重要目标进行了首轮的有效打击。

直到2月28日海湾战争结束，美国共向伊拉克境内发射了228枚巡航导弹，为多国部队战机对伊拉克的大规模轰炸铺平了道路。此后，美国又于1993年1月17日、6月27日及1996年9月3到4日，以种种借口，向伊拉克发射了113枚巡航导弹，对伊拉克境内的核设施和情

★美国AGM-86巡航导弹

报大楼等目标进行了打击。1995年9月10日，美国海军从亚得里亚海域的巡洋舰上向波黑塞族的防空阵地发射了13枚战斧巡航导弹，重创塞军的指挥控制系统。

1998年12月17日，美英两国不顾国际社会的强烈谴责、反对，又一次寻找借口发动了代号"沙漠之狐"的军事行动，对伊拉克进行了历时70小时、连续4轮的较大规模的空中打击，共向伊拉克发射了325枚战斧巡航导弹和90枚空射型巡航导弹，对预定好的防空阵地、共和国卫队等120个目标进行了空袭。据报道，仅在17到18日凌晨的第一、二轮空袭中，就分别向伊发射了167枚和138枚战斧巡航导弹和AGM-86巡航导弹。第一轮空袭仅持续一个多小时，就使伊的50多个既定目标遭到了极大破坏。

1999年3月24日晚，以美国为首的北约未经联合国授权，对一个主权国家南联盟发动了长达78天代号为"盟军行动"的大规模空袭，在首轮空袭中就运用了停泊在亚得里亚海域的美军舰上的30余枚巡航导弹，对南境内的纵深目标进行打击，仅在第一阶段的空袭中，就发射了300余枚巡航导弹，对南的重要固定战略目标造成了极大破坏。

在这些大规模的局部战争中，巡航导弹充当开路急先锋的作用更为突出，其战果更为显赫。巡航导弹再一次引起了人们的广泛关注。

1995年俄罗斯开始试验KH-101巡航导弹，该导弹与美国的AGM-129巡航导弹相似。

到20世纪末，巡航导弹在设计思想上采用了模式化多用途设计原理，使同一种导弹靠更换某些部件或分系统就可以执行战略和战术双重任务。双重任务使命打破了以往战略导弹和战术导弹的严格界限；很高的命中精度和新型高能常规弹头相结合的结果，使战术导弹也能完成以往必须用战略导弹才能完成的作战任务。随着高新技术的发展，未来巡航导弹除了进一步增加射程、提高命中精度、缩短任务规划时间、增强攻击目标选择能力以外，提高突防能力便成为其重要的发展方向。

美国五角大楼与波音公司签订了在2002年研制高超音速巡航导弹的合同，此合同价值达1100万美元。根据需求这种巡航导弹最大射程为750千米～1000千米，飞行速度为6马赫，携带了综合引导系统，战斗部重110千克～115千克，导弹分为地面和空中两种。另外北约表示，将于2020年前研制出用于摧毁敌纵深设施和目标的SHABM高超音速巡航导弹，这种导弹飞行速度可达8马赫，将大大提高北约部队的战斗力。

未来的巡航导弹，将采用新的制导技术，实现惯性加GPS加红外成像制导；激光雷达、合成孔径雷达和毫米波寻的技术将广泛用于巡航导弹的制导；采用新型发动机和高能高密度燃料，大幅度增加射程；研制隐身性能更好的巡航导弹，进一步提高突防能力；通过综合利用雷达、红外和声学等隐身技术，未来巡航导弹的雷达反射截面、红外信号特征和噪声将进一步减小，防御系统进行探测和跟踪更加困难；发展超音速和高超音速巡航导弹，提高突防能力和快速打击能力。

慧眼鉴兵：巡航导弹的结构

巡航导弹主要由弹体、推进系统、制导系统和战斗部组成。

弹体外形与飞机相似，它包括壳体、弹翼和稳定面、操纵面等，通常用铝合金或复合材料制成。弹翼包括主翼和尾翼，有固定式和折叠式。为使导弹便于贮存和发射，采用折叠式弹翼，即在导弹发射前呈折叠或收入状态，发射后，主翼和尾翼相继展开。

推进系统包括助推器和主发动机。助推器通常采用固体或液体火箭发动机。主发动机通常采用涡轮喷气发动机、小型涡轮风扇发动机，也有采用冲压喷气发动机的。战略巡航导弹多采用推重比和比冲高的小型涡轮风扇发动机；战术巡航导弹多采用涡轮喷气发动机和冲压喷气发动机。

制导系统常采用惯性、星光、遥控、图像匹配等制导方式，并多以其中两种或两种以上方式组成复合制导。攻击固定目标的巡航导弹通常采用惯性-地形匹配制导。攻击活动目标的巡航导弹多采用惯性-寻的制导。

战斗部有常规战斗部，也有核战斗部，通常安装在导弹的前段或中段。战略巡航导弹多携带威力大的核战斗部。战术巡航导弹多携带常规战斗部，也可携带核战斗部。

极端火力
——"鱼叉"系列反舰巡航导弹

◎ 美国制造：反舰的"鱼叉"

　　20世纪70年代初期，美国海军正式开始研发"鱼叉"反舰导弹，麦道公司作为主承包商，在20世纪70年代后期即研制成功空舰型"鱼叉"（AGM-84A）和舰舰型"鱼叉"（RGM-84A）导弹，随即转入批量生产，装备美国海军的飞机和舰艇。20世纪80年代初期，潜舰型"鱼叉"（UGM-84A）导弹开始服役。20世纪90年代，为了争夺国际市场，又发展了岸舰型"鱼叉"（CDHarpoon）导弹，至此，"鱼叉"导弹成为能从舰艇、飞机、潜艇和岸基多种平台发射的全系列全方位的反舰导弹族。

　　"鱼叉"导弹研制成功后，为了适应新的作战需求和提高战术技术性能，在原有技术方案的基础上不断被改进。"鱼叉"各型导弹的系列代号有RGM/AGM/UGM-84A、B、C……布洛克"1A"至"1G"等。其中RGM、AGM和UGM分别代表舰射、空射和潜射型，A、B、C表示改进的顺序号，布洛克1A、1B、1C……表示采用的不同中制导程序。在A、B、C……后面加1、2……表示从不同发射装置上发射的导弹。如1表示从"阿斯洛克"反潜导弹发射架上发射；2表示从"鞑靼人"航空导弹发射架上发射；3表示装备较

★为了争夺国际市场而研制的"鱼叉"反舰导弹

★等待安装的RGM-84"鱼叉"导弹

小的舰艇，从MK140型发射架上发射；4表示从英国制的发射箱发射；5表示装在较大军舰上，从MK141型发射架上发射。

"鱼叉"导弹提高了导弹在强电子干扰环境中作战的有效性，以及导弹的命中率和杀伤力，使导弹的服役期延长到21世纪。该导弹在20世纪90年代开始生产装备，产量估计达到2000枚。

🚫 性能优异：适应性好的精准导弹

★美国RGM-84A"鱼叉"导弹性能参数★

弹长：3.84米	最小射程：11千米
弹径：0.344米	制导方式：中段惯性制导、末段主动雷达制导
最大射程：110千米	命中率：95%

"鱼叉"导弹适应性好，可从多种发射平台发射，因此能大量装备部队，迅速形成战斗力。导弹发动机进气口潜隐在弹体内，适合潜艇标准鱼雷发射。导弹水下发射运载器是一种无动力运载器，在水下运行无声音，隐蔽性好，不易被发现。"鱼叉"导弹有很强的抗干扰能力。

　　"鱼叉"是美军目前主要的反舰武器之一。"鱼叉"导弹发射前，由载机上的探测系统提供目标数据，然后输入导弹的计算机内。导弹发射后，迅速下降至60米左右的巡航高度，以0.75马赫的速度飞行。在离目标一定距离时，导引头根据所选定的方式搜索前方的区域。捕获到目标后，"鱼叉"导弹进一步下降高度，贴着海面飞行。接近敌舰时，导弹突然跃升，然后向目标俯冲，穿入甲板内部爆炸，以提高摧毁效果。

　　"鱼叉"导弹可用于攻击大型水面舰只、巡逻快艇、水翼艇、商船和浮出水面的潜艇等，其单发命中概率为95%。

◎ 麦道公司的杰作：作战表现出色的"鱼叉"

　　到20世纪90年代后期，"鱼叉"系列反舰巡航导弹共生产了7217枚，包括试验用弹和回厂重新改装的导弹。各型"鱼叉"导弹的订购总数已超过5500枚，其中潜射"鱼叉"导弹1354枚，是各型中生产数量最少的。美国海军装备3836枚，其余的出售到20多个国家，每枚售价约100万美元，是世界上生产数量最多、创造效益最高、技术水平居领先地位的反舰导弹。

　　为满足美国海军对未来反舰导弹的要求，麦道公司正在制订改进"鱼叉"导弹的方案，将其称为"鱼叉"-2000。美国海军希望改进的导弹在海岸附近有更好的作战性能，

★ "鱼叉"导弹的发射场面

★AGM-84H导弹

能在船只密集、靠近海岸线的条件下作战。"鱼叉"-2000导弹将采用快速反应、自主和人在回路中三种作战方式。快速反应是现在"鱼叉"导弹采用的方式，由航向基准导航，火控系统提供目标搜索程序。自主方式是将原来由导引头提供制导信息改为采用全球定位系统接收修正惯导系统，将导弹制导到目标区域，再进行目标判断、识别和跟踪。人在回路是人参与导弹的制导。系统中装有数据链路，在导弹的中段飞行中，指令修正导弹的航向，导引头开机后将图像传回给操作员，由操作员选定攻击目标。该导弹技术状态为"布洛克1J"和"布洛克1X"。

麦道公司还打算采用SLAM-ER导弹的惯导系统和全球定位系统接收机/处理器，以提高"鱼叉"-2000的制导精度、抗电磁干扰能力和目标识别能力，改进现有雷达导引头的信号处理器，勾画陆地的反射图，以便较好地在沿岸区域使用。另外考虑的改进还有采用数据链路、垂直发射和新导引头。在海上或靠近海岸有干扰的复杂环境条件下与敌舰交战。

SLAM是在"鱼叉"导弹基础上改型发展的一种对地攻击导弹，编号AGM-84E。目前在该导弹基础上又发展了SLAM-ER导弹，编号为AGM-84H。"鱼叉"系列反舰导弹的基本型为舰舰型（RGM-84A）。结构由弹身以及弹翼、舵面和稳定翼组成。导弹按功能来分包括弹体结构、推进系统、制导系统、引战系统和电气系统。

实战应用"鱼叉"反舰导弹在多次的实战应用中表现颇佳。

首次是美国海军在波斯湾与伊朗海军交战。美海军用舰射和空射"鱼叉"击毁了伊朗的"上新"号巡逻艇和"三汉"号护卫舰。

另一次是1986年3月，美国海军在西德拉湾发射了5枚"鱼叉"导弹，击毁击沉三艘利比亚导弹快艇，包括从苏联购买的"纳努契卡"大型导弹艇。

在1991年的海湾战争中，有报道说沙特阿拉伯导弹快艇发射了两枚"鱼叉"导弹，攻击伊拉克的巡逻艇。

巡航导弹之斧
——BGM-109"战斧"巡航导弹

◎ 开山之斧："战斧"巡航导弹出山

"战斧"巡航导弹是一种远程、全天候、亚音速巡航导弹。几十年来，"战斧"导弹发展了多种衍生型，具有核作战能力和常规作战能力，能够从陆地、空中、水面船舰与水下潜艇发射。陆地发射型和车载发射型"战斧"按照1987年美苏"中导条约"的规定而被销毁。现役型号主要是海军水下潜射和水上舰射型，最先进的是"战斧"布洛克4型。

其实，早在1981年1月，美海军开始对"战斧"巡航导弹"布洛克3"进行作战评估，从而决定是否进入大批量生产阶段。这次作战评估分六个阶段。前三个阶段涉及到对潜射"战斧"巡航导弹的测试：潜射反舰"战斧"巡航导弹(TASM)、常规对地攻击C型导弹(TLAM/C)、以及核对地攻击导弹型号（TLAM/A）从1981年开始测试，到1983年10月结束。后三个阶段涉及到水面舰只导弹变种的发射测试，这三个阶段的测试从1983年12月开始，到1985年3月结束。在所有的这六个阶段，导弹是否具备有全套装备性能，则是

★在空中快速飞行的"战斧"巡航导弹

根据其是否具有潜在作战效用和潜在作战适用性来决定的，然后，才能决定是否进入大批量生产阶段。1988年4月，美海军开始对常规对地攻击子弹药导弹(TLAM/D)进行测试。测试表明，它具有潜在作战效用和潜在作战适用性，并在部队有限推广。

随着导弹技术的进步和导弹的改进，后续测试与评估一直在进行着。美海军对"布洛克2"导弹进行了改进，并于1987年7月～9月对其所有的型号进行了测试。其中的一些改进包括改进的火箭助推器、巡航导弹雷达调度计、数字场景匹配区域关联系统。1990年10月，

★烈火映衬下的"布洛克3"导弹

美海军开始对"布洛克2I"导弹进行作战评估，这是用全球定位系统协助导弹导航的第一次。这次测试在各种环境条件下对水面与水下舰只都进行了测试，一直持续到1994年7月。对常规型C型和D型导弹都进行了测试，而结果都很理想，两种型号的导弹都被证明具有作战效用和作战适宜性，并在整个海军推广。

美海军对"战斧"巡航导弹的性能测试仍在进行。1995年，美海军开始对对地攻击导弹的性能进行为期5年的研究与测试；同时测试的项目还有作战测试发射(OTL)项目，目的就在于以严肃认真的态度，核实导弹的性能、准确性、可靠性，以满足作战需求。按照这个项目进行的测试大约是每年测试8枚导弹：两枚对地攻击导弹和6枚对地攻击C型、D型导弹。这些测试都注重作战的真实测试预案。

自海湾战争以来，美海军一直在改进"布洛克3"型导弹的作战反应、射程和准确程度。美海军为"布洛克3"导弹添加了全球定位系统制导，重新设计了弹头和发动机，这就是"布洛克3"改进型，这种型号的导弹于1993年3月开始服役。"战斧"对地攻击导弹"布洛克3"系统升级包括：整合了抗干扰全球定位系统（GPS）系统接收器，提供一个

更小、更轻的弹头，扩展了射程、缩短了到达时间，并提高了精确程度。加装了全球定位系统之后，战斧对地攻击路线的制订就不会受到地形特征的制约，而任务制订的时间也降低了。"布洛克3"于1995年在波斯尼亚被首次投入使用；1996年，在对伊拉克的"沙漠打击"行动中被再次使用。

美海军接下来的主攻武器就是"布洛克4"型战术导弹。目前，美海军计划采购1253枚布洛克IV导弹，并将"布洛克2"升级为"布洛克4"。在对"战斧"在主要地区冲突中的用途，以及与之相关的再供给和支持水平进行了广泛的分析之后，美海军作战部同与"战斧"导弹相关的舰队指挥官一起制订了一个采购目标计划，采购3440枚"布洛克3"、"布洛克4"导弹。

🚫 性能卓越：可用于打击各种目标

★BGM-109"战斧"式巡航导弹性能参数★

弹长： 6.17米	**射程：** 2500千米
弹径： 0.527米	**速度：** 885千米/时
弹重： 1452千克	**战斗部重：** 454千克
翼展： 2.62米	

美国海军BGM-109"战斧"式巡航导弹是一种由全天候潜艇或者水面舰只发射的对地攻击巡航导弹。在发射之后，由导弹的固体燃料助推器向前推进导弹，最后再由小型涡轮风扇发动机推进导弹，完成导弹的最后飞行。

战斧武器系统由四个重要组成部分组成：战斧巡航导弹，战区任务计划制订中心（TMPC）/舰上计划制订系统（APS），水面舰只控制系统（TWCS）和潜艇作战控制系统（CCS）。"战斧"对地攻击巡航导弹用于攻击各种固定目标，包括在极危险情况下攻击敌人的防空系统和通讯设施。对地攻击"战斧"巡航导弹由惯性和地形匹配（TERCOM）雷达制导。地形匹配制导雷达利用存贮的参考地图与实际地形相比较，确定导弹的位置。必要的话，导弹就会改变路线，从而使导弹置于正确的路线上。在目标区域的末端导航由光学数字场景匹配区域关联系统来提供，这一系统将利用存贮的目标图像与实际的目标图像相比较。

"战斧"巡航导弹是一种远程、高存活、无人驾驶对地攻击武器系统，它具有极高的精确度。美海军水面舰只的纵深打击能力取决于"战斧"巡航导弹系统，它是经过实践检验了的、是执行应急任务的最佳武器。

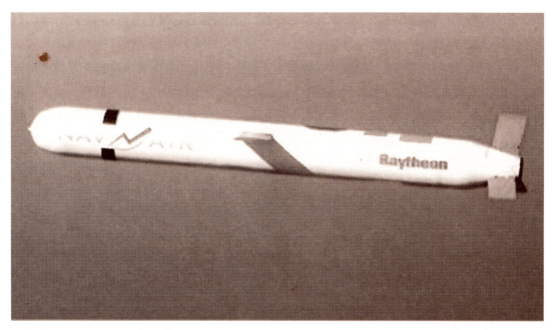

★精准度极高的BGM-109"战斧"导弹

　　"战斧"巡航导弹的作战环境正发生着极大的变化。导弹的初期作战设计是与全球作战有关，利用常规的战斧对地攻击导弹（TLAM）打击已知、固定、非地下目标。这种环境之下的战略思维仍在发生着变化。战斧武器系统（TWS）能力正在围绕着主要系统发生着演变，以扩展其能力。现在，"战斧"巡航导弹能够对快速发展的预案作出反应，攻击暴露的地面目标。这种目标对美国小型部队更具威胁性，因此，美国要确保该系统机动灵活与快速反应能力的绝对性。

　　目前，"战斧"巡航导弹预定的作战环境将通过美海军制订的预案体现出来。根据这些预案，美海军将呼吁在地区冲突、危机反应方面捍卫美国的利益，或者执行美国的国家政策。"战斧"巡航导弹将作为联合部队的一个完整部分在沿海地区作战。在地区冲突前期的危急时刻，"战斧"巡航导弹同其他对地攻击系统和战术飞机一道阻止或者推迟敌方部队的向前推进，压制敌人空中作战的能力，打击敌人的防空系统。另外，"战斧"巡航导弹能攻击敌人的高价值目标，包括发电设施、指挥与控制机构、武器集结/贮存设施。因此，它成了打击增援、强硬目标的武器选择。

🚫 战争之斧："战斧"的巡航世界之路

　　在1991年对伊拉克的"沙漠风暴"行动中、1993年6月和1995年对波斯尼亚的打击中、1996年对伊拉克的"沙漠打击"行动中，"战斧"导弹得到了广泛的应用。在这些行动中，大约有400枚"战斧"导弹投入了战场。最近的一次就是在"伊拉克自由行动"

中，美军发射了大量的"战斧"导弹，多达802枚，也就是它打响了对伊战争的第一炮。

在海湾战争中，两艘潜艇和多艘水面舰只发射了"战斧"巡航导弹。根据美海军的报道，在发射的290枚导弹中，有242枚导弹击中了目标。不过，战斧对地攻击导弹在"沙漠风暴"行动中的表现并没有像美国国防部向美国国会递交的报告中所说的那样，也低于美国国防部内部人士的估计。在"沙漠风暴"行动中，从海军一艘舰只或者潜艇上发射一枚导弹需要加载307次，在使用过程中，海军人员经历了30719次问题。在发射的290枚导弹中，有两枚发射失败；在实际发射的288枚导弹中，6枚因存在有助推问题，而不能转换成巡航飞行。

海湾战争以及多次应急作战，包括1996年9月对伊拉克军事设施的攻击，这些行动表明，远程导弹可以执行一些攻击机执行的任务，同时，又能够降低飞机坠毁、飞行员丧生的威胁。

★正在朝向攻击目标飞行的BGM-109"战斧"导弹

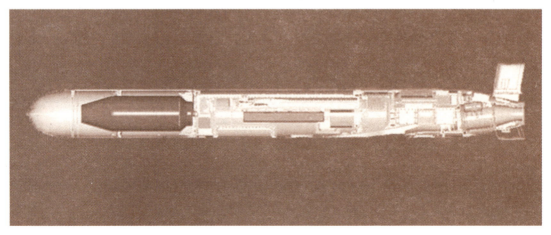

★BGM-109"战斧"导弹结构示意图

自1991年到1995年，尽管能够发射"战斧"巡航导弹的舰只(包括攻击潜艇)的数目增长不多，由原来的112艘增长到119艘，但是，美海军发射对地攻击导弹的整体能力大大增加了。这是因为美海军越来越多的水面舰艇能够发射这种导弹，而水面舰艇比潜艇能够携带更多的"战斧"导弹。到1996，美海军一共有140艘能够发射"战斧"导弹的舰只，有6266个发射架。在这140艘舰只中，有70艘是潜艇，共有发射架696个；70艘水面舰只，共有发射架5570个。截至2009年，美军一共拥有8000枚"战斧"巡航导弹。

印度神奇导弹
——"布拉莫斯"导弹

🚫 海军战略：印度的秘密武器

20世纪90年代，印度大力推行"印度洋是印度人民的印度洋"的海上强军战略，极为重视海军的现代化建设，急需更新武器装备。在政府耗巨资购买英国二手航空母舰、俄罗斯K级潜艇、隐身护卫舰等新型舰艇外，还积极开发以新型反舰导弹为重点的各类导弹。印度国防部研究与发展局欣然受命。当时负责此项工作的即是后来在2002年7月当选为印度共和国第十二任总统的阿卜杜勒·卡拉姆。

★正待装载的"布拉莫斯"超音速巡航导弹

　　1995年12月，印度与俄罗斯开始联合研制超音速巡航导弹。后来，因研制经费严重不足，未能完成预定的型号研制任务。1998年2月，印度国防部研究与发展局（DRDO）与俄罗斯导弹生产和设计商联合体（NPO）签订了联合研制"布拉莫斯"超音速巡航导弹的谅解备忘录。在印度联合组建布拉莫斯航空航天合资公司，决定在俄罗斯"白玛瑙/宝石"反舰导弹的基础上，共同研制开发设计代号为P-J10、名称为"布拉莫斯"的超音速巡航导弹。布拉莫斯航空航天合资公司总资产2.5亿美元，印度占50.5%。后来，该合资公司与俄罗斯国家武器出口总公司和导弹生产和设计商联合体，共同签订了联手向全球市场推销"布拉莫斯"超音速巡航导弹的计划书。从而，确定并开始实施此项工程。

　　该工程启动后，不仅研制生产舰载超音速反舰巡航导弹，而且在此基础上，还改型设计、研制陆基型和空射型"布拉莫斯"超音速巡航导弹。

　　"布拉莫斯"，其英文名字为BrahMos，由印度布拉马普特拉河（Brahmaputra，该河上游是中国的雅鲁藏布江）和俄罗斯莫斯科河（Moscow），两个英文单词缩写组合而成，标志着印俄两国之间的友谊，隐含着"既有布拉马普特拉河狂放的一面，又有莫斯科河优雅的一面"之寓意。

　　布拉莫斯航空航天合资公司由印度20家军工企业和俄罗斯10家军工企业组成，印度总统卡拉姆直接参与领导，于1998年积极展开"布拉莫斯"超音速巡航导弹的研制开发工作，导弹组装在印度哈伊塔拉邦进行。

　　"布拉莫斯"超音速巡航导弹的研制工作进展较为顺利，自2001年6月进行首次导弹试射，至2005年10月，已进行了10多次海基、陆基等飞行试验。各类"布拉莫斯"超音速巡航导弹的研制生产，都取得了进展。

◎ 性能突出：最新式的反舰导弹

★ "布拉莫斯"超音速巡航导弹性能参数 ★

弹长：8.1米	飞行速度：2.5～2.8马赫
弹径：0.67米	末段弹道高度：10米～15米
射程：50千米～350千米	发射重量：3000千克
巡航高度：14000米～15000米	

　　"布拉莫斯"超音速巡航导弹，具有超音速、多弹道的性能特点，其突防能力、抗干扰能力和抗反导拦截能力，在目前世界上是"独一无二"的，故被印俄媒体称之为"神奇的导弹"、"最新式的巡航导弹"。

★陈列在海边的"布拉莫斯"巡航导弹

　　"布拉莫斯"超音速巡航导弹采用梭镖式气动布局外形设计，弹身表层涂有印度自行研制生产的雷达吸波涂料，可增强导弹的隐身性能，最大程度地躲避雷达的搜索探测，降低被敌方雷达发现的概率。动力系统采用固体火箭助推器和冲压喷气发动机。其新式小型整体式冲压喷气发动机是印度HAL公司自行研制的。导弹采用主动雷达 + GPS和卫星导航制导方式。导弹在飞行末段下降到10米左右，贴近海平面并作蛇形机动弹道飞行，以躲避敌方拦截。

◉ 多次试验：神奇导弹终于服役

　　2003年2月，在孟加拉湾进行了第三次飞行试验，即首次在舰船上成功发射了舰载型"布拉莫斯"巡航导弹。2003年12月，印度海军开始实施为期10年的导弹武器装备计划。

　　2004年4月，进行了第十次导弹飞行试验，也是"布拉莫斯"反舰巡航导弹第一次携带弹头的靶试，取得了成功。当时，印俄布拉莫斯航空航天公司总裁皮赖说："我们正在为印度海军生产这种导弹，它已经基本上达到了要求。"

　　同年9月，"布拉莫斯"超音速反舰巡航导弹全面投产。2005年11月，印度国防部长访问俄罗斯，参观了俄罗斯的导弹生产厂（机械制造科研生产联合体），并进一步扩大了与俄罗斯的合作计划。安排多艘印度海军军舰装载"布拉莫斯"超音速反舰巡航导弹。首先，准备在"卡辛"级"拉吉普特"号驱逐舰上装备可携带核弹头的"布拉莫斯"超音速巡航导弹，为印度提供强有力的第二打击能力。同时，还为当时的"班加罗尔"号驱逐舰装备两座8单元垂直发射的"布拉莫斯"导弹武器系统。

2004年12月，印度首次进行陆基"布拉莫斯"巡航导弹的发射试验，摧毁了位于印度拉贾斯邦沙漠的50厘米厚的混凝土掩体。2005年11月30日，在位于印度奥里萨邦首府布巴内斯瓦尔东北部的钱迪普尔试验场，又进行了陆基"布拉莫斯"巡航导弹的发射试验，击中了300千米外的目标。

印度陆军决定定购60枚陆基"布拉莫斯"巡航导弹，于2007年装备部队。

◎ 导弹的命运："布拉莫斯"导弹能否创造神奇

长期以来，印度渴望摆脱单纯购买先进武器的窘境，发展独立的高科技军工科研。20世纪90年代的俄罗斯百废待兴，唯独先进军工科技堆在架子上发霉。出于种种政治、经济上的算计，两家一拍即合，用俄罗斯的先进冲压发动机和气动技术加上印度的软件和电子技术研制新一代的超音速反舰导弹，最终成为"布拉莫斯"。

"布拉莫斯"超音速巡航导弹是具有有限陆攻能力的反舰导弹。"布拉莫斯"号称具有2.5～2.8马赫的速度，可以在10米超低空巡航，射程达到290千米。据说这个射程是"政治射程"，在技术上可以更高，只是由于导弹技术协议规定各国不得扩散射程300千米以上的导弹技术。和战斧巡航导弹相比，布拉莫斯的速度高4倍，发射重量大两倍，但弹头重为200千克（空射时可以增加到300千克），只有"战斧"巡航导弹的一半不到，射程就不提了。印度和俄罗斯有计划把"布拉莫斯"发展成速度高达8马赫的第二代，如果研制成功，这将是世界上第一种高超音速的导弹。不过"布拉莫斯"的问题不在第二代导弹的技术问题，而在于第一代导弹的政治问题。

★整装待发的"布拉莫斯"巡航导弹

在2008年1月29日在新德里召开的"国防研究与开发和技术管理"研讨会上，印度国防技术专家协会创始人及主席克里斯纳德斯·奈尔怒气冲冲地说："我们至今也没有得到布拉莫斯超音速巡航导弹发动机技术的转让。我们必须得到所有技术的转让。这次拒绝是一个严重事件，没有人能够敲诈我们。"

印度的立场是，既然"布拉莫斯"导弹是两国共同研制的，俄罗斯就应该将全部技术转让给印度，否则就是俄罗斯背信弃义，中途变卦。但俄罗斯方面坚持认为，俄印双方各有分工，俄罗斯负责研制导弹的冲压发动机，印度负责开发制导系统并组装导弹，印度想要分享俄罗斯的技术，需要出钱购买。印度亚洲通讯社还透露，俄罗斯已经不是第一次这样干了，印度的国产化俄制T-90坦克计划同样因为俄方拒绝转让相关技术而搁浅。

印度和俄罗斯的合同细节外界无从得知，但技术共享和技术转移的性质、方式、时间应该在合同里明确规定，印度的教育界和法律界师承英美，这点合同法的常识应该是有的。俄罗斯虽然急于为自己的军工技术寻找出路，用外销收入来维持军工技术常青，但对不养虎为患的道理还是清楚的。在苏-27战斗机的中俄技术合作上，俄罗斯也是在关键的发动机和雷达技术上留了一手，拒不转让。中国也顺水推舟，研制了自己的"太行"发动机和先进雷达作为替代，但印度就不一样了。印度不光希望借合作得以摸一摸俄罗斯的冲压发动机和弹体气动设计这根拐杖，还想据为己有，因为这不是印度在短期内可以自行研制出来的。

相反，在"布拉莫斯"之前，俄罗斯已经研制成功了类似的"宝石"和"俱乐部"反舰导弹，俄罗斯并不需要印度的电子和软件技术，和印度合作研制"布拉莫斯"纯粹是为俄罗斯技术打开销路和在印度加强俄罗斯的影响。印度要反客为主，没有那么容易。

神秘的隐身杀手
——美国AGM-129巡航导弹

◎ 隐身导弹：AGM-129是最神秘的杀手

1982年，美国第一个航空中队的16架B-52轰炸机完成了改装AGM-86B空射巡航导弹后，随着隐身技术的突破，开始研制空防能力更强的隐身巡航导弹。当空军这一建议提出仅一个月，美国总统就批准了这一计划，于1983年4月正式开始研制被称为AGM（先进巡航导弹）的隐身巡航导弹。

1983年9月向波音、通用动力和洛克希德三家公司发出研制该先进巡航导弹的招标，1983年4月15日通用动力公司获胜并签订研制合同。

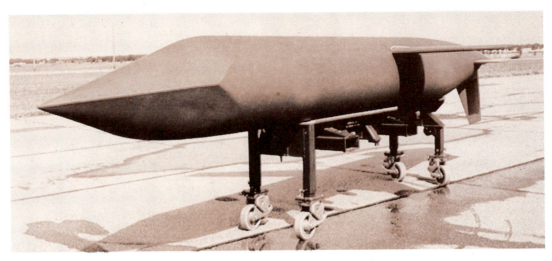

★正在运载中的美国AGM-129巡航导弹

★加工研制过程中的AGM-129巡航导弹

1985年7月，开始飞行试验，1986年7月小批量生产。该计划十分保密，研制过程中的许多重要细节和关键技术从未透露，连导弹的分类、编号AGM-129也是在一年后才正式公布。

1986年7月投入生产，1987年选定麦道公司为第二主承包商，1992年开始服役，计划生产1000枚，其中分为带核战斗部的A型与非核战斗部的B型，各880枚和120枚，1993年底停产，但实际采购总数为460枚。

◎ 独一无二：AGM-129能灵活选择并攻击目标

AGM-129巡航导弹是美国战略空军装备使用的第一个隐身战略空射巡航导弹，属于第四代战略空地导弹。

★AGM-129隐身巡航导弹性能参数★

弹长：6.37米		**速度**：亚音速
弹径：0.74米		**制导**：惯性制导系统、地形匹配系统
翼展：3.1米		**动力**：WllllamsF112—WR—100涡轮风扇
发射重量：1682千克		**推力**：3.25千牛
射程：3000千米		**装备机型**：B-52H
弹头：W-80-1热核弹头(5-150kT)		

　　AGM-129导弹采用独特的隐身气动外形布局，采用外表光滑的扁平弹体、尖楔头部和扁平尖楔尾部，一对儿折叠式前掠平板弹翼位于弹体中部上方，一对儿折叠式水平尾翼位于弹体尾部两侧，一个折叠式垂直尾翼位于弹体尾部下方，弹体和翼面均采用吸波复合材料和吸波涂料。采用的发动机为威廉斯公司的F107-WR-100涡扇发动机，具有较高的内外涵道比，采用气冷高压涡轮叶片和含硼、碳悬浮体高密度燃料以及某些塑料零件，使该发动机的耗油率降低、推力和射程加大，同时发动机装在弹体中部、弹翼后下方，尾喷口位于扁平尖楔尾部组件内部，使发动机尾喷流的红外信号特征减少。这种独特的隐身气动外形设计和巧妙的结构布局，赋予该导弹良好的隐身特性，使其光、电、声、红外、雷达等信号特征小，不易被对方探测发现；同时本身体积小、重量轻、机动性好，以高亚音速飞行，能灵活选择并攻击目标。

★正在空中飞翔的AGM-129隐身巡航导弹

★正在吊装的AGM-129隐身巡航导弹

　　为使导弹获得远距离发射时的高命中率，AGM-129采用了高精度的制导系统，由惯性基准装置、弹载计算机、速度/加速度传感器、电源装置以及接口装置组成。惯性基准装置为一个四框架惯性平台，其上装有两个双轴陀螺、一个垂直陀螺、一个方位陀螺和三个直角点阵配置的加速度计。该惯性基准装置及其相应的电子装置承担导航功能。弹载计算机采用1750A指令集、128K的RAM和64K的EEPROM，处理速度580K/s，包含CPU卡、数字式I/O卡、A/D卡、D/A卡、串行I/O卡、离散I/O卡和两个存储器卡，完成全部导航和飞行控制所需的计算任务。速度/加速度传感器由三个单轴捷联陀螺和两个加速度计组成，用于测量导弹的法向和侧向加速度，此时虽然可从弹载惯性平台获得导弹的横滚、俯仰和偏航信息，但平台传输数据的速率太低，不能满足导弹飞行控制高速信息处理的要求。电源装置采用全新设计，由输入电源调节器、直流/直流卡和交流/直流卡组成，后两个卡是导弹系统加温所要求的。弹载环控系统通过空气控制阀内的空气调节器，向惯性平台输送一定温度和流量的致冷空气。

　　为提供精确的导弹地速信息，AGM-129导弹采用激光多普勒测速仪(亦称激光雷达)和卡尔曼滤波速度修正技术。激光雷达由一台CO_2激光器、波束形成和定向光学组件、探测器电子组件和信号处理电子组件构成，装在制导系统壳体下方。该激光雷达仅在任务包线规定的飞行段工作，通过探测激光束的多普勒频移来测量地速向量在3个非共面方向上的视线分量（LOS），其工作周期为12秒，与卡尔曼滤波器相同，但通常在进行地形相关匹配修正期间停止工作。其工作过程为：向飞行弹道上的某一点发射激光束3秒，接收其回波数据9秒，然后向下点重复上述动作，并以8赫兹的速率处理和以1/12赫兹的速率向卡尔曼滤波器提供一个平均测量值，如果断定该数据无效，可以剔出该数据。

　　卡尔曼滤波器用来对载机的位置数据、地形相关匹配数据和激光雷达数据进行处理，从而对水平通道导航误差进行修正。它采用13种状态来预测误差源。由于卡尔曼滤波器使用的是剩余误差，故在向其输送数据之前必须将额定补偿值清除；同时，卡尔曼滤波器所获得的误差源预测值只有在采用激光雷达或地形相关匹配辅助制导时才进行修正，在不采用上述辅助制导时则主要用于噪声处理。在卡尔曼滤波器使用这些信息对状态和协方差矩阵进行修正时，必须符合一定的验收准则，通常将精度指标规定为3，如果系统误差超过了规定值，卡尔曼滤波器将设置一个载飞时禁止发射和发射后禁止引爆的标志，作战飞行软件将用卡尔曼滤波器的这些预测值作为导航参数，取代制导系统校准时预先存储数据，从而提高了制导精度。

为测量导弹相对地面的飞行高度，AGM-129导弹采用雷达高度表，以16位串行字向制导系统提供该纵向地面地图信息，将其与计算并存储的导弹飞越地面高度进行相关比较，修正导弹的现时位置，完成地形相关的匹配制导，从而使导弹的方向控制、航路点管理和导航精度均得以改善；同时，为扩大测量高度范围，该雷达采用了单独的发射和接收天线。此外，该雷达还可用于地形跟踪以提高突防能力，用于垂直高度控制以获得最佳引爆高度。

🚫 隐身战略：AGM-129装备B-52战略轰炸机

1991年，AGM-129开始装备B-52战略轰炸机，每架飞机可在翼下携带12枚导弹。

与AGM-86B空射巡航导弹相比，AGM-129导弹的主要特点，一是采用独特的隐身气动外形设计和巧妙的结构布局，使导弹具有较好的隐雷达、隐红外和隐声学的性能；二是弹体和翼面均采用吸收电磁波的复合材料和吸波涂料，大幅度减小了导弹对雷达电磁波的

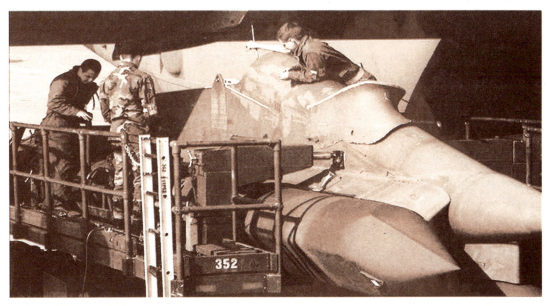

★正在被安装在飞机机翼下的AGM-129隐身巡航导弹

★安装完毕的AGM-129隐身巡航导弹

反射，不容易被敌方的雷达探测到；三是采用耗油率低的涡轮风扇发动机并用气冷式高压涡轮叶片，可提高推力、增大射程，明显降低红外信号特征；四是在惯性导航与地形匹配复合制导系统中使用激光雷达，提高了其测高仪的精度和地形分辨率，使导弹在超低空以高亚音速进行地形跟踪和机动飞行，导弹的命中精度约16米；五是由于采用新技术较多，生产数量较少，导弹成本大幅度增加。AGM-86B采购单价为157.4万美元，而AGM-129隐身巡航导弹的采购单价高达673.4万美元。

AGM-129是一种隐形空射战略导弹，它大幅度地提高了AGM-86的射程、命中率和生存能力。该弹能够有效躲避雷达和地面防空体系，在任何地形条件下摧毁敌方坚固的地面工事。该弹最初计划生产2500枚，再先后被削减到1460枚和1000枚，最后由于冷战结束，1992年美国空军宣布暂停生产，截至1993年最后一枚AGM-129出厂，共生产了460枚。

但在2007年3月，美国国防部长罗伯特·盖茨签署命令，解除美空军的AGM-129A机载巡航导弹的作战值班任务，将其全部予以封存。这一时成了全世界的热议话题。据美《防务内参》报道，全部封存AGM-129A是继2005年9月美军裁掉50枚"和平卫士"陆基洲际导弹后的又一次重大核裁军行动。之后，美空军战略轰炸机执行核打击任务就只能用AGM-86"战斧"巡航导弹了。

AGM-129A性能那么卓越，美军方为何先将它封存而保留不如它先进的AGM-86B？这令许多人不解。其实，全部封存AGM-129A对美军自身来说毫不影响战略威慑力，而在国际上却可留下个履行核裁军协议的好印象。美国是世界唯一的超级核武器大国，拥有9900枚核弹头，单处于战备值班状态的就有4700枚。美国如果真要核裁军，就没有必要还保存那么多核弹头。但美国不仅保留超大基数的、库存多年的核弹头，而且还在抓紧研制新的核弹头。2005年，美开始启动名为"可依赖的替代性弹头"的研制项目，以研发更加先进和安全的核弹头。近来,美未来新核弹头研制取得了实质性进展。第一批新核弹头将从2012年开始服役。退役一批体型大的,发展体积小、当量低、杀伤威力大、放射性污染小的新型核武器,以退为进,以质取胜,改进升级美国核武器库,这大概是美封存AGM-129A的一个主要动机。

封存AGM-129A也有技术和经费的原因。有美专家指出,AGM-129A导弹的设计还不十分成熟,曾发生一些技术问题。况且美空军现今重点需要的是用非核弹头对地面目标实施高精度打击,将AGM-129A导弹换装重型常规弹头存在困难。而在AGM-86B基础上研制的AGM-86C常规对陆攻击巡航导弹已试用有效。在1991年海湾战争中,美空军首次从B-52轰炸机上发射了35枚AGM-86C,成功攻击了伊拉克首都巴格达的高价值目标以及舰射"战斧"巡航导弹射程难以达到的重要目标。美空军青睐AGM-86C,就预示着改配常规战斗部有难度的AGM-129A前程不妙。再者,维护规模巨大的核弹头费用高昂。美媒体估计,美国每年库存核武器维护费用达351亿美元。美国需要维护费用较少、打击能力更强的新型核武器。美军计划用退役部分旧核导弹腾出的经费去研究更先进的核弹头,何况退役AGM-129A省下维护经费很可观。

美封存AGM-129A还是向俄罗斯、向世界摆出了一个核裁军姿态。有人认为美此举意在向俄施压,促俄核裁军。但俄核力量早已大降。也有评论家认为,封存AGM-129A是美为换取俄罗斯容忍其在东欧建立导弹防御基地所采取的一个让步姿态,希望俄罗斯的抵触情绪有所降低。然而美在俄家门口部署雷达监视和反导系统与封存AGM-129A毕竟是两码事,无法联系到一起。

俄罗斯巡航王者
——Kh-555巡航导弹

⊘ 回声计划:Kh-555由此而来

Kh-555巡航导弹是俄罗斯最新的巡航导弹,北约称为"肯特-C",是在Kh-55(北约称之为AS-15"肯特")基础上发展成的低可探测性战略空射巡航导弹。

Kh-555导弹的研发始于俄罗斯"回声"计划。1993年,俄军方委托航空武器研究所"回声"小组对未来战略空射武器发展进行广泛的系统研究。这个小组的研究成果直接影响到俄罗斯乃至俄罗斯空射武器的发展方向。经过详细的科学论证,"回声"小组认为,摆在俄军方面前有发展超音速巡航导弹和发展亚音速巡航导弹两条路。超音速巡航导弹固然是未来导弹发展的趋势，但其体积大、质量重、价格昂贵，俄罗斯的财政能力很难负担，只能小批量地装备；亚音速巡航导弹虽然易遭拦截，但只要具备优良的掠地飞行能力，就能有效地突破敌方的空中防线。而且亚音速巡航导弹价格便宜，可以大量装备，形成饱和攻击的能力。所以，"回声"小组最后建议：俄罗斯应大力发展精确的亚音速巡航导弹，辅之以少量超音速导弹。这个结论直接催生出Kh-555巡航导弹。

Kh-555巡航导弹由俄罗斯彩虹设计局设计，于20世纪90年代中期开始研制，1999年试射第一枚Kh-555样弹，2001年实弹射击获得成功，不过由于经费短缺的原因，始终无法投入批量生产。2008年，美国的《外交》杂志大概没有料到，由于其刊载的挑衅性文章"美国目前已具备一次性摧毁俄罗斯所有远程核力量的能力"，强烈刺激了俄罗斯人。对此"一次摧毁论"，不仅俄罗斯媒体纷纷予以抨击，还促使Kh-555投产了。俄军方底气十足地向世界宣布，俄美之间仍在一定程度上保持着"互相确保摧毁"的核平衡。

🚫 "三位一体"：Kh-555具有核反击力量

★Kh-555巡航导弹性能参数★

弹长：7.45米	装备：20万吨当量的热核弹头
弹径：0.514米	巡航高度：40米～110米
最大发射重量：2.2吨	最大射程：5500千米
翼展：3.1米	圆概率误差：45米～150米

★等待运载的Kh-555巡航导弹

Kh-555巡航导弹可以装备核弹头，有效射程可达4500千米，具有很强的突防能力。Kh-555空射巡航导弹和"伊斯坎德尔"战术导弹搭配使用，将形成"空地"导弹合力突破反导系统的全新作战模式。

Kh-555导弹采用先进的复合材料制作弹体，使用了雷达吸波涂层和吸波材料等新的隐形技术，雷达反射截面面积只有0.01平方米。弹体前段有附加油箱，使弹长达到7.45米，弹径514毫米，最大发射重量2.2吨。其最大的特征就在于两片长直矩形弹翼。当处于巡航状态时，两片展开的弹翼翼展达到3.1米。导弹携带一个20万吨当量的热核弹头，

★正在吊装的Kh-555导弹

巡航时高度为40米～110米，最大射程为5500千米。导弹在巡航中采用地形匹配导航系统，能够接收来自GLONASS卫星导航系统的定位数据，而在攻击目标的末端使用一个光学电子寻的头。根据俄罗斯自身的说法，Kh-555的命中圆概率误差为150米，但美军方一直认为只有45米。俄罗斯之所以极力掩饰这种导弹的命中精度，目的是为了迷惑西方军界。

就威力、射程乃至打击精度而言，Kh-555的性能都完全超越了美国"战斧"巡航导弹，唯一美中不足的是，俄军目前能携带Kh-555导弹的飞机屈指可数。俄军即将从新西伯利亚制造厂获得的苏-32FN前线歼击轰炸机也要部署Kh-555导弹，但单机挂载量不会超过3枚，这与"战斧"巡航导弹遍布美军各个军种的局面大相径庭，限制了Kh-555导弹威力的发挥。

Kh-555型巡航导弹的大批量生产有效加强了俄罗斯"三位一体"的核反击体系。另据俄罗斯《莫斯科时报》报道，俄国防部长伊万诺夫在国防部会议上说，俄罗斯不会去追求

核武器的数量，而是追求核武器的"质量、有效性和轨道不可预测性"。俄罗斯一点都不缺有效的核武器。最先进的"尤里·多尔戈鲁基"号与"亚历山大·涅夫斯基"号攻击核潜艇已装备部队，它们都装备"圆锤"战略导弹。2008年，机动式"白杨-M"型导弹将装备部队，而更多Kh-555型巡航导弹的服役加强了俄罗斯"三位一体"的核反击力量。

◎ 空中对决：Kh-555应战AGM-129

俄罗斯Kh-555与美国AGM-129A导弹在作战性能上究竟谁占上峰，谁又屈居次席？总体而论，这两种导弹的性能相当接近，但俄Kh-555导弹是应急之作，有追赶美国AGM-129A导弹的痕迹，在某些方面尚达不到AGM-129A的技术水平。

AGM-129A是种低可探测性空射战略巡航导弹，无论是在射程、命中精度还是生存能力方面都比AGM-86"空射巡航导弹"有很大的提高，用于打击任何潜在敌人领土上任何位置的重防护硬目标。在设计上使用了许多美国在20世纪80年代开始研究的新技术，包括隐身技术、复合制导技术等。在气动外形上，大小与AGM-86导弹基本相同，但形状不同，选择了光滑大曲率半径流线型弹体和外表光滑尺寸较小的翼身融合体。主弹体呈圆柱形，前掠主翼较长，安装在弹体中部靠后的上方，尾翼由平尾和垂尾组成，垂尾向下，弹头就像是削尖的铅笔头，呈尖锥形，弹体上见不到进气道，这一气动布局比较新颖。导弹

★正在装备的Kh-555导弹

长6.35米，翼展3.10米，弹径705毫米，全重1680千克，亚音速飞行，动力系统选用威廉姆斯F112-WR100型涡轮风扇发动机，推力3.25千牛，最大射程3000千米。

俄罗斯Kh-555导弹在设计使命、作战需求等方面与美国的AGM-129A导弹如出一辙。Kh-555由Kh-55导弹发展而来，但由于采用了俄罗斯在20世纪80年代后期及90年代早期开发的大量新技术，因此决不是Kh-55导弹的简单改进型，而是介于Kh-55与Kh-101之间的一种导弹，主要用于打击敌人纵深的重要目标，如政治军事中心、铁路枢纽以及碉堡掩体、野战车队、部队集结地等。

两相比较，美国AGM-129A导弹在基本设计上更具有现代化

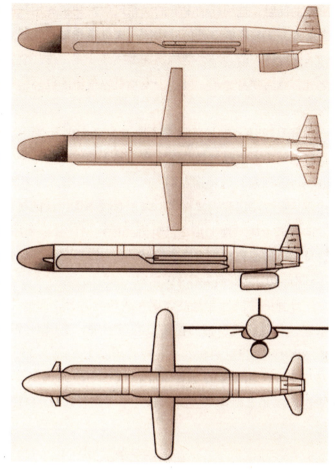

★Kh-555巡航导弹四视简图

特征，采用全新设计；俄罗斯Kh-555导弹则采用较为传统的外形结构，并结合了俄空射巡航导弹的一些设计风格，如发动机布置方式，各有特色。AGM-129A导弹的尺寸和重量均稍大于Kh-555导弹，两者的最大射程相当。

由于巡航导弹的飞行速度普遍相对较慢，因此良好的隐身性能是躲避敌方防空火力、保存自身并完成预定打击任务的重要指标。AGM-129A和Kh-555是美俄现役最新的低可探测性战略空射巡航导弹，是同类导弹中的佼佼者。其中，美国AGM-129A导弹从外形、结构设计到材料、发动机都坚持"将隐身进行到底"的设计思路，因此其隐身效果更佳。俄罗斯的Kh-555由于在整体设计上没有摆脱Kh-55导弹的旧有框架，故其隐身效果稍逊一筹。如果是全新设计的Kh-101导弹，则可与美国的AGM-129A相提并论。

AGM-129A导弹采用多种手段来降低雷达反射截面面积，如独特的隐身气动外形设计、巧妙的翼身融合结构布局和大后掠多面体的头锥设计，主弹翼可收缩进弹体内，尾部三片控制面也可折叠成埋入的低阻构形，使导弹具有较好的隐雷达、隐红外和隐声学的性能；弹体和翼面均采用吸收电磁波的复合材料和吸波涂料，大幅度地减小了导弹对雷达电

磁波的反射；选用耗油率低的涡轮风扇发动机并用气冷式高压涡轮叶片，可提高推力和增大射程，明显降低红外信号特征；进气道和排气装置均进行了特殊设计，其中进气道采用埋入式设计，前端窄，后端随深度逐渐变宽；排气装置装在翘起的尾翼下面，喷口放在凹陷处，靠后弹身遮蔽，以减少发动机喷气流的红外信号特征，可躲避敌方战斗机下视雷达的探测。

俄罗斯Kh-555导弹运用了原本为Kh-101导弹开发的部分隐身技术，由俄第二中央科学研究院与彩虹设计局共同完成。基于技术上的差距（主要是制造工艺方面）以及资金上的困难等因素，俄罗斯在Kh-101导弹上采用了与美国同类导弹不同的隐身技术，包括使用雷达吸波涂层和吸波材料，采用有频率选择性的材料对弹上雷达进行屏蔽，以及使用离散的等离子场对弹上雷达进行隐身等。据计算，采用上述隐身措施后，Kh-101导弹的雷达反射截面面积减少为原来的1/14。当然，Kh-555导弹只使用了部分技术，其隐身效果达不到Kh-101的水平。

导弹的作战性能最终体现在战斗威力上，而战斗威力又与战斗部的爆炸当量、命中精度、载机所能携带的弹药量息息相关。美国AGM-129A导弹配备与AGM-86B一样的W-80-I可变当量热核弹头，爆炸威力为0.5万~15万吨TNT当量，也可改用常规高爆炸药战斗部。制导系统为一套中段惯性导航系统以及一套末段地形匹配制导系统，圆概率误差在30米到90米之间，进入作战部署的AGM-129A导弹在升级改造期间很有可能配

★机翼下方安装的Kh-101导弹

备了GPS接收机，以进一步提高命中精度。美国空军最初计划将AGM-129A安装在B-1B轰炸机上，但至今只部署在B-52H轰炸机上。一架经过改装的B-52H可携带多达20枚的AGM-129A导弹，其中8枚装在内部弹舱的旋转发射架上，另外12枚分别挂装在两个机翼下面。

Kh-555导弹主要携带常规装药战斗部，重约360千克，可选用子母弹头，当然也可携带一枚20万吨TNT当量的核弹头。制导系统采用了为Kh-101导弹开发的相关技术，采用惯性制导系统，并由卫星导航系统支持中段制导，使用一套图像匹配制导系统实施精确末段攻击。俄罗斯空军目前现役的图-95MS和图-160轰炸机稍加改装后均可携带Kh-555，这两种轰炸机经空中加油后均可抵达全球任意地点实施精确打击任务。俄宣称这种导弹的制导系统能够突破世界上任何先进的弹道导弹防御系统和防空系统。

美国已经开始研制全新一代的战略空射巡航导弹。美国空军对新型战略空射巡航导弹提出的技术要求包括：采用新的制导技术，提高命中精度和增加机动能力，其中打击精度在3米以内；采用新型发动机和高能高密度燃料，大幅度增加射程，在载荷不变的情况下，射程比现役导弹增加至少一倍，达到6000千米以上；使用更先进的隐身材料和技术，通过综合利用雷达、红外和声学等隐身技术，导弹的雷达反射截面、红外信号特征和噪声将进一步减小，使敌方的防御系统无法探测和跟踪；发展高超音速技术，提高快速打击能力，新一代空射巡航导弹的飞行速度将是目前导弹的数倍。照这样的技术水准，俄罗斯在新的角逐中将无法再与美国竞争。

战事回响

◎ 海湾战争中的巡航导弹攻防战

在1991年的海湾战争中，美国最先对伊拉克挥出的一记重击，就是巡航导弹——主要是"战斧"BGM-109C/D。

然而，看似强大的"战斧"，也有着一些无法回避的问题。这种型号的巡航导弹采用惯性制导和等高线地形匹配修正积累误差。当时的发射平台主要是位于费雷敦钻井平台以南和巴林以北波斯湾海域、红海海域中的美国海军巡洋舰和战列舰、核潜艇等。由于BGM-109超低空飞行，各种扰动因素多，其惯性制导系统积累误差较大。

海湾战争期间，为了把锋利的"战斧"准确地投向他们的最终目标，美军为巡航导弹规划了数个飞行通道，这些通道都经过数个有明显地标的地形匹配点。如科威特的布比

★即将出厂的BGM-109"战斧"导弹

延岛及其北部的海峡和峡湾、塞奥德到科威特城之间的海岸等等。当时美军对布比延岛的袭击，消灭伊拉克守军，很可能就是为巡航导弹建立通道的计划之一，使伊拉克失去通道上的观察拦截点。据称，由于伊拉克境内单调的沙漠地形，能提供匹配的地标达不到导弹的战术使用要求的10千米宽度，美军采取增加地形匹配次数的办法，把巡航导弹的匹配点之间的距离缩短，使匹配地形无须10千米宽度。虽然常规上认为导弹不能在海上作地形匹配，但一些参加海湾战争的船主称美军在海上征用停泊的货轮，用泊位构成特殊图形来引导巡航导弹。

借助这些手段，"战斧"冲着目标飞去，隐蔽，却隐含着无尽的杀机。

伊拉克对第一批临空的"战斧"是措手不及的。使美军首批突击的54枚导弹中，有51枚命中目标，命中率达98%。对现场的勘察情况表明，圆概率误差大约为9米，与美军20世纪80年代公布的资料吻合。在攻击的第一天中，美军共发射巡航导弹100枚左右，大部分目标被命中。这第一板斧稳、准、狠，把伊拉克军队完全打蒙了。随后几天，伊拉克防空哨通过观察，发现了美军巡航导弹的几个通道。在当时的电视新闻中，新闻记者在伊拉克人的指引下，拍摄到了前后间隔数分钟内，不断有巡航导弹低空飞越伊拉克村庄上空的镜头。伊拉克防空部队也迅速移动到这些地点附近建立阵地，击毁了不少导弹。

海湾战争是人类历史上第一次使用巡航导弹的战争，可以说是一种新技术和新兵器的奇袭。然而，在吃了一记"闷斧"之后，伊拉克军队也开始擎出他们手里的盾牌。

　　伊拉克在战前，对巡航导弹的防御问题并没有足够重视，更多的防空观察哨组织是针对飞机空袭。因此在第一项：及时发现目标上，没有把握巡航导弹地形匹配地区这个特点，器材也不足。同样，高射武器的配置也没有把握这点。在美军以强大的技术手段摧毁和瘫痪了伊拉克的雷达、通信系统后，伊拉克防空警戒体系完全陷入混乱中。雷达的失效，导致伊拉克中远程防空探测手段丧失，通信的瘫痪，使伊拉克没有办法利用成网成片的防空哨迅速建立大范围的对空警戒，以弥补雷达失效造成的中远程对空警戒空白。也导致了伊拉克防空部队各自为战的混乱局面。

　　由于"近视"，高射炮部队往往看见后，还来不及将射向对准目标方向，"战斧"就已经消失。一些有经验的伊拉克指挥官只好在各个方向上，平均分配火炮，并临时配备有光学器材的观察人员。这样使对空射击效率很低，但可以缩短开火的反应时间。弥补各方向上火力不足的缺陷，主要采取了几个炮群相互重叠配置的战术。伊拉克的这些战术成功击落了一些多国部队的"狂风"战斗轰炸机。

　　细数一下伊拉克军队的武器库，坚盾不可谓不多。海湾战争时期，伊拉克防低空高炮武器系统主要是57毫米、37毫米、23毫米牵引高射炮和23毫米自行高射炮，导弹系统主要有法国产"响尾蛇"、俄罗斯产"萨姆-9"、"萨姆-7"、"萨姆-14"，中国产的"HN-5"等，其中"萨姆-7"、"HN-5"和"萨姆-14"是单兵肩射导弹，这些都是红外制导的导弹系统。

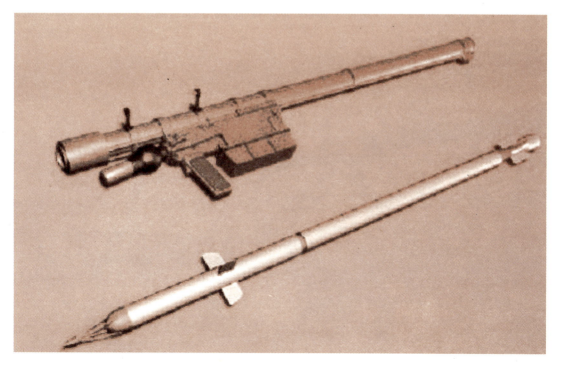

★"萨姆-14"防空导弹

那么，在面对"战斧"的时候，这些看起来坚固的"盾"，表现如何呢？

在海湾战争期间，伊拉克这些低空防空导弹系统击落的巡航导弹数量少得可怜。战后分析其主要原因是低空大气环境中二氧化碳和水汽对红外信号吸收非常明显，巡航导弹采用的是小型涡扇发动机，混合排气温度较低减少了红外信号特征，红外寻的效果很差。

法国的"响尾蛇"系统的雷达低仰角工作时，天线会自动上抬，对50米高度上目标的探测距离在16千米左右，虽然可以提前发现目标，但是"响尾蛇"系统的导弹作战高度要求为50米以上，红外导引头却对这样高度的目标探测困难，在末段很少能抓住目标。"响尾蛇"导弹可以采用雷达指令三点法引导，但精度难以击毁只有0.1平方米有效反射面积的巡航导弹，甚至对"响尾蛇"近炸引信的作用距离都有影响。

伊拉克的"萨姆-7"、"萨姆-14"、"HN-5"导弹只有目视搜索，而巡航导弹的飞行速度大于这些导弹的迎头攻击要求的最大160米/秒的速度，只能尾随射击。肩射导弹允许发射角度为20度～60度，巡航导弹在航路捷径上飞完这个角度范围只需要1.4秒，肩射导弹需要5秒的准备时间，因此肩射导弹至少要在目标迎头距离1100米以上完成全部发射准备才能射击。

而在海湾战争中，由于美军具有全面的制空权，"响尾蛇"系统的雷达根本没有机会连续开机搜索，因为那样很快就会被美军电子战飞机摧毁。而肩射导弹在缺乏预告的情况下，又是如此复杂的过程，因此对巡航导弹的拦截基本上一无所获。

★HN-5单兵肩射导弹

拦截巡航导弹最成功的是伊拉克高射炮部队。战争初期，偶然配置于地形匹配点，以及重要目标附近执行要地防空的高射炮，在发现了美军巡航导弹来袭方向后，事先将火炮和射击指挥仪对准巡航导弹可能的航路捷径方向，并加强该方向上的观察，一旦发现目标接近，立即进行弹幕射击。同时伊拉克防空部队也不断调整部署，形成拦截线。一些小口径高射武器没有射击指挥仪，则采用中国的ASR1型1米对空测距仪和有线通话进行指挥。还有部分培植在后方地区革命卫队装甲部队的23毫米自行高射炮也临时执行拦截任务。虽然后期伊拉克的拦截逐渐有所收效，但由于配置不合理，指挥通信混乱，又没有相互通知安全射界，伊拉克防空部队经常将炮弹打到了友邻阵地上，造成了伤亡。

可以说，在那场战争中，面对凶悍的"战斧"，伊拉克军队招架乏力。

7 地空导弹

蓝天卫士

🌀 沙场点兵: 现代必备防空武器

　　地空导弹是指从地面发射攻击空中目标的导弹,又称防空导弹。它是组成地空导弹武器系统的核心。与高炮相比,它射程远、射高大、单发命中率高;与截击机相比,它反应速度快、火力猛、威力大、不受目标速度和高度限制,可以在高、中、低空及远、中、近程构成一道道严密的防空火力网。

　　地空导弹在二战后的历次战争和武装冲突中都发挥了非常重要的作用。1959年10月7月,中国地空导弹部用萨姆-2导弹击落了在北京上空进行侦察飞行的台湾地区空军侦察机RB-57D,这成为世界上第一个用地空导弹击落飞机的战例。萨姆-2导弹是苏联研制的第一代地空导弹,1959年刚刚服役,其射程达到54千米,射高为34千米,在当时是打击中高空飞机最理想的武器。继首次击落RB-57D之后,萨姆-2又陆续击落U-2型侦察机等5架。

　　越南战争期间,美军出动B-52等作战飞机数万架次进行狂轰滥炸。为了打击美军飞机,越南装备了近30个营的苏制萨姆第一、二代地空导弹。据不完全统计,在1964年8月至1968年11月间的4年多时间里,美军就损失了915架飞机,其中94.8%是被萨姆-2等地空导弹击落的。1972年12月18日~30日,美军对越实施地毯式轰炸,结果有32架B-52轰炸机被击落,其中有29架又是萨姆-2所为。

　　第四次中东战争中,由于以色列开始采取低空、近程突防的空袭战术,迫使埃、叙等国采取弹炮结合、全空域拦截。仅埃及就在苏伊士运河西岸正面90千米、纵深30千米的地域中,配置了62个地空导弹营,200具萨姆-7导弹和3000多门高炮,形成了一道道防空火力网。战争中以色列有114架飞机被击落,70%是地面防空武器所为。其中,萨姆-6击落

★ "萨姆-2" 地空导弹

41架，萨姆-6和高炮一起击落3架，萨姆-7击落3架，萨姆-7和高炮一起共击落3架。这次战争中还发生了"一石三鸟"的奇闻：以色列在战争中共发射22枚"霍克"地空导弹，结果却击落了25架飞机。

在1982年的马岛海战中有37架阿根廷飞机被英国地空或舰空导弹击落，其中，被舰空导弹击落18架，被"轻剑"和"吹管"击落的分别为9架和10架。在苏联入侵阿富汗的战争中，1986年、1987年两年里，阿富汗游击队利用美国提供的1000枚"毒刺"（又译"针刺"、"尾刺"、"红眼睛"II和"痛击"）单兵便携式地空导弹，先后击落苏联400～500架飞机和直升机，成为战争史上用地空导弹击落飞机最多的一个战役。1991年海湾战争中，伊拉克向沙特、以色列和巴林先后发射了80枚"飞毛腿-B"地地战术导弹，结果有60多枚被摧毁，"爱国者"地空导弹则以大战"飞毛腿"而闻名于世。最重要的一点，是它创下了一个世界之最：地空导弹第一次击落地地战术导弹。

兵器传奇：空中不速之客的噩梦

早在二次大战时期，纳粹德国为了对付盟国飞机的袭击，研制了"热风"、"飓风"、"暴风"等防空火箭，后来相继研制了"瀑布"、"龙胆"、"蝴蝶"及"莱茵之女"等地空导弹，这些导弹没有来得及批量生产和装备使用，战争就结束了。和地地战术导弹及战略弹道导弹的发展一样，美苏在战争结束后竞相争夺地空导弹的技术资料和设计图纸，争取了一部分地空导弹专家，从而为战后地空导弹的发展奠定了一个良好的基础。

二战之后40多年来，地空导弹的发展主要还是被美苏垄断，它们的技术水平基本代表了地空导弹的最高水平。从20世纪60年代以来，英国、法国、德国、意大

★美国"波马克"型导弹

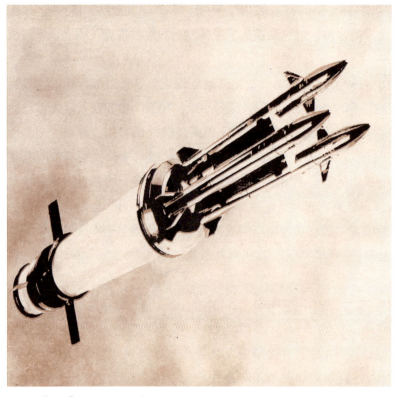

★英国"星光"导弹

利、瑞士、瑞典等近10个国家已能不同程度地研制和生产地空导弹。

为了对付高空高速飞行的飞机，美、苏重点发展了中高空、中远程导弹，其主要代表型为美国的"波马克"和"奈基"I、II型导弹，苏联的萨姆-1和萨姆-2。第一代地空导弹在射程上有了很大提高，一般射程可达50千米左右，个别达140千米，射高也能达30千米左右，因而对飞机形成了一定的威胁。但这一代导弹尺寸较大，机动性较差，只能固定发射，对付中高空目标，对低空、超低空飞行的空中目标则显得过于笨拙。

第二代地空导弹是20世纪50年代末至60年代末发展的。由于中高空、中远程导弹的发展，以往以高、中空突防战术作战的飞机开始采用低空、超低空突防的战术，空中目标的这一重大变化也引起地空导弹的相应变化，因此，一代机动性能好，反应速度快，能够对中低空、中远程和低空、近程目标进行攻击的导弹相继问世，最有代表性的包括：在中高空、中近程地空导弹方面，有美国的"霍克"和苏联的萨姆-3、萨姆-6；在低空、近程导弹方面，有美国的"小榭树"、"红眼"，苏联的萨姆-7等。值得一提的是，此间英国还发展了一型中高、中远程地空导弹，其型号为"警犬"II，射程84千米，射高0.5千米～27千米。第二代地空导弹的突出特点是：具有机动发射能力，反应速度较快，导弹自动化程度较高，制导体制多样化，已基本形成高中低空、远中近程的全空域火力覆盖。

第三代地空导弹是20世纪60年代末至70年代末发展的。此间，由于地空导弹初步形成了全空域防卫态势，所以目标飞行高度变化不大，但仍以低空和超低空突防为主，所以这一代导弹除苏联的萨姆-11中程导弹外，其余全是低空、近程防空导弹，其主要特点是不少国家参与了地空导弹的发展，同时一大批性能较好的单兵便携式导弹也得以迅速发展。这一代导弹的代表型有：美国的"毒刺"，苏联的萨姆-8、萨姆-9，英国的"山猫"、"轻剑"、"吹管"，法国的"响尾蛇"，法德联合研制的"罗兰特"及瑞典的RBS-70等。

第四代地空导弹是20世纪70年代末以后发展的。此间，虽然作战飞机仍采用低空、超低空突防模式，但地地战术弹道导弹却构成了新的威胁，使地面防空变得日趋复杂。由于飞机大量采用隐形技术，加之飞行速度已提高到马赫数2左右，所以目标机动能力和低空突防能力较强。战术弹道导弹飞行弹道虽然较高，但目标小，飞行速度快，也较易突防。

为了防空反导，第四代导弹在重点发展低空导弹的基础上，还十分注意发展各种类型的导弹，其代表型有：美国的"爱国者"、"罗兰特"，苏联的萨姆-12、萨姆-13，美国和瑞士联合研制的"阿达茨"，法国的"西北风"、"夏安"，英国的"轻剑"2000、"星光"，德国的"罗兰特"，日本的81式和意大利的"防空卫士"等。这一代导弹由于采用了相控阵雷达和先进的微电子技术，使地空导弹系统能跟踪和攻击多个目标，在命中精度和作战效能方面也有很大提高。地空导弹和战斗机、高炮一起，构成国土区域防空、要地防空和野战防空的重要武器系统。地空导弹由于命中精度高，摧毁威力大，机动能力强，覆盖范围广，反应时间快，所以日益成为地面防空的主要武器。

◉ 慧眼鉴兵： 防空利箭

经过战后的发展，地空导弹已装备了30多个国家和地区，有70余种、100多型在役，有10多个国家具有研制和生产能力。

这类导弹中，射程最远的是苏联的萨姆-5导弹，射程为250千米；射高最大的是苏联的萨姆-2导弹，34千米；单发命中率最高的是美国的"爱国者"导弹，90%以上；弹体最长的是苏联的萨姆-5导弹，16.5米；发射重量最大的也是苏联的萨姆-5导弹；飞行速度最大的是苏联的萨姆-12，达到5～6马赫（美国的"爱国者"导弹为3.9马赫）；战斗部最重的是美国"奈基"II导弹，545千克。

射程为15千米～40千米，射高为6千米～20千米的导弹，称为中低空、中近程地空导弹。这类导弹中，射程最大的是美国的"改霍克"，40千米；射高最大的也是"改霍克"导弹，18千米；弹体最长的是苏联的萨姆-3，有5.95米长；发射重量最大的也是萨姆-3，达到了925千克；飞行速度最大的是苏联的萨姆-11，达到了2.9马赫。

射程在15千米以下，射高在6千米以下的导弹，称为低空、近程地空导弹。这类导弹中，射程最远的是瑞士的"防空卫士-麻雀"，最大射程13千米；射程最小的是苏联的萨

兵典 导弹——千里之外的雷霆之击
The classic weapons

★美国"爱国者"导弹的发射瞬间

姆-9，达到了0.2千米；射高最大的是苏联的萨姆-9，达到了6千米；射高最小的是英国的"长剑"，为0.01千米；弹长最长的是瑞士的"防空卫士-麻雀"，3.66米；发射重量最大的也是"防空卫士-麻雀"，204千克；飞行速度最大的是意大利的"靛"，达到了2.5马赫；战斗部重量最大的是苏联的SA-8，50千克。

射程在5千米以下，射高在3千米以上的地空导弹，称为单兵便携式防空导弹。这类导弹中，射程最大的是美国的"毒刺"和瑞典的RBS-70，均为5千米；射高最大的也是这两型导弹，均为5千米；弹长最长的是"毒刺"，1.52米；发射重量最大的是瑞典RBS-70，15千克；飞行速度最快的是美国的"红眼"和"毒刺"，马赫数均为2。

美国导弹之盾
——"爱国者"防空导弹

⊘ "爱国者"出世："飞毛腿"的对手

如果说"战斧"是美军导弹之矛，那么"爱国者"则是美军导弹之盾。

"爱国者"是美国研制的第三代中远程、中高空地空导弹系统，它的研制始于1967年，是美国陆军为适应未来复杂的作战环境和不断变化发展的空中突击力量所造成的威胁而提出研制的。

★等待安装的"爱国者"防空导弹

　　1970年，"爱国者"首次进行试验，1982年制成，1984开始装备部队并服役，前后历时17年，耗资20亿美元。

　　"爱国者"防空导弹系统具有全天候、全空域、多用途的作战能力，主要用于取代"奈基"二型和"霍克"防空导弹，对付现代装备和以后可能使用的高性能飞机，并能在电子干扰环境下击毁各种高度上飞行的近程导弹，拦截战术弹道导弹和潜射巡航导弹。

　　"爱国者"扬名于海湾战争中对伊拉克"飞毛腿"导弹的拦截，尽管当时"爱国者"(PAC-2型)的拦截精度并不像美军吹嘘的那么高，但在实战中已勾勒出美军"以弹击弹"的导弹防御计划轮廓。

　　"爱国者"导弹目前最高型号为PAC-3型，美国近来开发国家导弹防御系统(NMD)的试验即由PAC-3完成，成功率约为50%。美军已开始组建PAC-3型导弹营。

全天候作战：最先进的防空武器

　　"爱国者"防空导弹系统由导弹及发射装置、相控阵雷达、作战控制中心和电源等部分组成，全套系统被安装在4辆制式卡车和拖车上。导弹弹体呈圆柱形，尖卵形头部，无弹翼，控制尾翼呈"十字形"配置。

　　"爱国者"防空导弹系统是世界上最为先进的防空武器。具有的特点主要有：一是

★ "爱国者"防空导弹性能参数 ★

弹长：5.18米	**平均速度**：3.7马赫
弹径：0.41米	**最大有效射程**：80千米
弹重：900千克	**最小射程**：3千米
动力：固体火箭发动机	**最大射高**：24千米
推力13吨	**最小射高**：60米
最大飞行速度：6马赫	**命中率**：75%～90%

可以全天候作战，打击目标种类多，包括飞机、导弹等；二是武器设备系统少，机动性能好。仅用一部相控阵雷达就能完成目标搜索、探测、跟踪识别以及导弹追踪、制导和反电子干扰等多项任务，这样大大减少了地面设备的配置和人员所需。因此其反应时间只有15秒，另外其全部装备所在的4辆拖车可以陆地行驶，也可以进行海运和空运。三是作战能力强。可以同时对100个目标进行搜索和监视，并制导8枚导弹，拦截不同方向和高度的目标，可以应对大面积的饱和式攻击。

"爱国者"防空导弹使用复合制导技术，其初段为程序控制，中段为无线电指令制导，末段则为TVM制导，因此杀伤率极高，对飞机的命中率达到90%，在海湾战争中对战术导弹的命中率为75%～80%，从而使"爱国者"成为"飞毛腿"的克星。

★发射中的"爱国者"防空导弹

PAC-2型战斗部产生700块重量为45克的碎片,其摧毁"飞毛腿"的动能相当于一辆大卡车以130千米的时速撞墙。它有很强的抗电子干扰能力。雷达采用了电扫描,方位图有32种位态,变化多,使敌人难以对抗雷达定位。

◎ 火线对决:"爱国者"大战"飞毛腿"

"爱国者"导弹武器系统在海湾战争后广为人知,成为美国的代表性武器之一。正如很多昂贵的美国武器系统,"爱国者"导弹系统见证了很多有关其作战性能的争议。

"爱国者"导弹使用AN-MPQ53雷达系统搜索和追踪目标,并且提供导弹导引讯号。在海湾战争以前,弹道导弹防御一直只是一个未经实战考验的概念。"爱国者"导弹被指派去击落发射到以色列和沙特阿拉伯的伊拉克飞毛腿导弹。

1991年1月17日凌晨,惊心摄魄的爆炸声响彻伊拉克首都巴格达上空。当这座沉睡的城市从梦中惊醒时,电力供应已经全部中止。政府大楼、国防部大楼、内政部大楼,包括总统府都中弹起火,大火熊熊燃烧。

这是以美国为首的多国部队针对萨达姆政府发动的"沙漠风暴"行动。空袭开始15分钟后,多国部队的飞机一共向伊拉克的战略目标投下了1.8万吨炸弹,相当于美国当年投放在广岛的原子弹的当量。

★整装待发的"爱国者"导弹

★价格昂贵的"爱国者"导弹

空袭开始没多久,萨达姆就在电台宣布,伊拉克与美国以及"犹太复国主义之间的冲突已经拉开序幕",伊拉克人"必将以胜利的姿态出现"。他发誓要进行报复。

萨达姆擎出了撒手锏——苏制"飞毛腿"导弹。伊拉克引进后对它进行了改进,使其射程可达600千米以上。这种短程导弹破坏力很大,但命中率较低,一般情况下,偏差在5千米左右。

"飞毛腿"的目标有两个,一个是沙特,这是多国部队的后方基地,另一个是以色列。

对"飞毛腿"导弹,多国部队已有准备。美国研制出一种拦截导弹,名为"爱国者"。当多国部队空袭开始后,"爱国者"导弹立即投入实战。

当守在沙特宰赫兰的雷达兵从电视荧光屏上发现可疑目标时,头戴防毒面具,身穿防化服的士兵立即各就各位,准备战斗。

目标越来越近了。随着一声指令,轰的一声,流动机车上的导弹发射架喷出一道火后,"爱国者"升空了,像流星逐月般迅速飞向迎面而来的"飞毛腿",导弹碰撞后发出的火焰映红了半个夜空。拦截成功。

"爱国者"20世纪80年代在美国问世,其间进行过数十次试验,均获得成功,但谁也不知它在实战时的可靠性到底如何,许多美军军官对"爱国者"并没抱太大的希望。

实战表明,"爱国者"确实身手不凡。如果说它有什么缺点的话,那就是精确度还不够高,拦截时难免挂一漏万,造成损失。其次就是它的造价太高,一枚导弹竟然高达100万美金,一般国家消费不起。为了提高命中率,美军一般同时向同一目标发射数枚,拦截的成本居高不下。

1991年1月25日晚上，"飞毛腿"再次袭击利雅得，两枚导弹出现在天际，"爱国者"迅速上天迎敌，结果一枚命中目标，另一枚却与"飞毛腿"擦肩而过，击中利雅得商业区一幢大楼，造成一人死亡。

海湾战争后，"爱国者"导弹出口量大增，美国在中东的盟国以色列等也加紧部署、完善以"爱国者"为主导的防御网。在可能的对伊战争中，"爱国者"的任务就是盯紧萨达姆手中已不多的"飞毛腿"导弹，防止可装生化弹头的"飞毛腿"打中美军和盟国目标。

中东战争的主角
——萨姆-6防空导弹

🚫 王者出世：萨姆-6是美国人的噩梦

萨姆-6防空导弹（SA-6）是苏联研制的机动式全天候中程防空导弹武器系统，苏军称为"立方体"。萨姆-6用于师级野战防空，主要用于攻击中、低空亚音速和超音速飞机。

萨姆-6由乌里扬诺夫斯克机械工厂制造，1967年首次试验，1970年开始服役。萨姆-6采用履带式底盘，发射时由火箭助推至超音速，然后启动冲压式发动机，无线电指令制导，飞行末段采用半主动雷达制导。萨姆-6的三联装发射架装在履带底盘上，机动性好，战场生存能力强。

作为苏联时代防空系统的代表作之一，萨姆-6出口到了23个国家，由于该弹的出口型号性能并不是很先进，所以苏联并不是十分重视该弹的保密性。英国、以色列和美国都曾秘密取得了数套萨姆-6系统并进行了发射试验，英国曾在20世纪80年代发射了11枚萨姆-6防空导弹。

🚫 机动性好：战场生存能力强

SA-6的制导雷达采用多波段多频率工作，抗干扰能力强；导弹采用固-冲组合发动机，比冲高。弹径为340毫米，发射重量约为600千克，采用全程半主动寻的制导方式。导弹的主要缺点是制导系统技术不是很先进，采用了大量电子管，体积大、耗电多、维修不便和操作自动化低等。此外，SA-6的发射车上没有制导雷达，一旦雷达车被击毁，整个导弹连就丧失了战斗力。

★萨姆-6防空导弹性能参数★

弹长：5.8米	保险距离：50米
弹径：0.335米	杀伤半径：18米
前翼翼展：1.245米	有效射程：3.7千米～24千米
尾翼翼展：1.524米	有效射高：0.06千米～10千米
发射重量：约600千克	引导方式：指令制导+半主动雷达
弹头：56千克高爆炸药	命中率：80%

萨姆-6导弹射程为3.7千米～24千米，射高为0.06千米～10千米。SA-6的三联装发射架装在履带底盘上，机动性好，战场生存能力强。伊拉克拥有100部SA-6防空导弹发射车，是萨达姆在禁飞区和美国捉迷藏的主要防空武器，也是其最好的防空导弹。

◎ 扬名中东：萨姆-6先胜后败

在第四次中东战争中，埃及与叙利亚对以色列发动突袭，以色列试图以空军大规模出击，扭转地面作战的被动局势。

在美国的支持下，无论从装备还是技术上，以色列空军都达到世界一流水平。在交战期间，以色列空军遭到埃、叙军队一种新型导弹的迎头痛击，以军用电子干扰、卫星侦

★名扬中东的萨姆-6防空导弹

★ "鬼怪"式战斗机

察等手段，仍然无法摆脱这种导弹的攻击。最后，以色列空军被击落109架先进的战机。这种新型导弹一战成名，它就是萨姆-6防空导弹。

　　尝到甜头的叙利亚军方，更是对萨姆导弹奉若神明。为了与以色列长期对峙，叙利亚军方将75%的国防预算用在对空防御方面，在之后的8年内，将萨姆-6导弹防空连的数量扩充了3倍，在边境地区，用数百枚萨姆导弹构造起一座"萨姆屏障"。

　　1982年6月，以军入侵黎巴嫩，以色列空军已经得到叙利亚军方部署在贝卡谷地区的萨姆-6导弹群的详尽情报。6月9日下午3时，凄厉的紧急战斗警报突然响彻贝卡谷地区，叙利亚防空侦察哨发现以色列战斗机群。叙军指挥官不知演练过多少次，他们始终相信，只要以色列飞机来侵犯，贝卡谷地区就是其葬身之地。听到警报，叙军指挥官既没有进行目测观察，也没有进行思考，立即下令雷达开机，搜索目标。叙军防空指挥官对萨姆-6导弹系统的追踪雷达，比对自己的双眼更为信任。

　　此时，飞向贝卡谷地区的以色列战斗机，只是一群充当诱饵的无人侦察机，目的是引诱萨姆-6导弹的雷达开机操作。随着萨姆导弹的自动追踪发射，山谷里红光闪动，以色列"战斗机"纷纷落地，硝烟未散，叙军官兵欢呼着，冲向落地的战利品，发现坠地飞机竟然是塑胶做的。叙军指挥官这才意识到，中了以军的计谋，连忙下令关闭雷达，然而，为时太晚了。

　　充当诱饵的以色列无人侦察机，将截获的叙军雷达的信号立即传给以军的F-4"鬼怪"式战斗机群和埋伏在贝卡谷地区西南部的"狼"式地对地导弹群。以军"鬼怪"式战斗机群的"百舌鸟"反雷达导弹和"狼"式地对地导弹发起攻击，准确无误地击毁萨姆-6导弹制导雷达，转眼间，叙军八面威风的萨姆-6防空导弹群，统统变成了"瞎子"，眼睁睁看着以色列上百架F-16战斗机恶狼般猛扑而来，大摇大摆地进行了一波又一波的轰炸，将贝卡谷地区变成血与火的海洋。

短短六分钟，叙军苦心经营十年之久，耗资20亿美元建立起来的萨姆阵地，在漫漫硝烟中不复存在。

⊘ 波黑战争：萨姆-6击落"鹰隼"

20世纪90年代，波黑境内硝烟四起，战火纷飞，民不聊生。美国和北约在波黑上空划定禁飞区，严密监视波黑塞族的动向。自从第一架北约战机飞到波黑上空时起，塞族军队就准备使用手中王牌——萨姆-6地空导弹教训一下这些不速之客。

这一想法一提出，不少人都表示怀疑：萨姆-6能对付北约的那些先进战机吗？

支持这一想法者列举了第四次中东战争期间，萨姆-6曾有的出色表现，当时的阿拉伯国家使用萨姆-6击落了以军的许多战机，他们同时指出，只要准备充分，并采取出其不意的行动，就能取得防空作战的胜利。

当时，3号地区至5号地区上空是北约战机的必经之路，于是塞军司令命令萨姆-6导弹营秘密潜入3号至5号地区，占领发射阵地，张网以待。

萨姆-6是一种全天候、机动式的中低空防空导弹，主要用于对付在中低空飞行的飞行器。整套系统分别装在两辆相同的履带车上。

1995年6月2日，两架绰号"战隼"的F-16C战机进入波黑禁飞区上空执行巡逻任务。按照规定，在波黑禁飞区执行任务时，战机高度要保持在7000米以上，因为塞军装备了许

★萨姆-6防空导弹发射的一瞬间

多便携式防空导弹，7000米以下是这种导弹的火力范围。在长机飞行员奥格雷迪的指挥下，两架F-16C战机迅速冲上7000米的高度。奥格雷迪非常自信：塞军的武器不可能把他的战机打下来，因为F-16C战机是当时世界上最先进的战斗机之一，自装备部队以来，战果辉煌。

当两架F-16C战机飞到波黑北部、塞族控制区上空时，奥格雷迪突然听到"嘀嘀"的警报声。他意识到：战机已被地面防空武器捕捉到，但是高炮还是防空导弹呢？就在他犹豫的瞬间，告警装置又发出"嘀嘀"的警报声。这声音使奥格雷迪毛骨悚然：地面防空武器已将他的F-16C战机锁定了。

如果奥格雷迪在听到第一次告警声音时，立即采取规避措施，还有可能躲过地面攻击，可现在晚了。塞军向目标发射了几枚萨姆-6导弹，其中一枚在两架战机之间爆炸，但未对两架战机造成任何伤害。在飞行员惊魂未定时，另一枚导弹拖着长长的白色尾迹，接踵而至，直奔奥格雷迪的战机，并在其腹部爆炸。F-16C战机一下被劈成两半，尾部凌空爆炸，机首像一个巨大的秤砣，迅速坠落下去。

萨姆-6已经服役了将近40年，虽然显得老态龙钟，但因为服役区域广泛，装备数量多，许多国家并不想让该导弹退役。

战事回响

◎ 俄罗斯神器：S-400防空导弹系统

S-400部署莫斯科

2005年10月俄空军将S-400（北约称为SA-20"凯旋"）新型防空导弹系统正式部署到莫斯科周边，并开始组建首个S-400防空导弹团。俄最终目标是用S-400新型防空系统逐步替换现役的S-200（北约称为SA-5"甘蒙"）和S-300（北约称为SA-10"雷声"）防空导弹系统，抗击来自高、中、低空各种目标，包括飞机、巡航导弹以及射程在400千米以内的近、中程弹道导弹。

自20世纪90年代开始研制S-400以来，俄罗斯不断对系统进行升级改进，重点是提高该型武器系统与航天部队设施的互操作能力。据俄军称，经过改进的S-400能够与俄罗斯航天部队现役的A-135战略反导系统一道用于战略弹道导弹防御。随着S-400系统装备计划的实施，最终会有35个S-400防空导弹团部署在俄罗斯各主要城市以及战略目标位置，届时俄罗斯的空天防御作战能力将获得相当程度的提高。

　　为了确保研发工艺的继承性和最大限度节省研制经费，除了装备一部新型超视距雷达和3种新型防空导弹外，S-400防空导弹系统基本上沿用了S-300防空导弹系统的指挥控制系统、导弹发射系统和战斗单元编成。

　　S-400以团为建制单位，装备83M6自动化指挥系统。后者包括一部64H6型相控阵雷达、54K6团指挥所、"埃利布鲁斯"大型火控计算机和一部探测距离为500千米的新型相控阵超视距雷达，可以同时对8个S-400防空导弹营实施指挥，从而构成以团为中心的阵地式或机动式防空火力集群。"埃利布鲁斯"大型火控计算机不仅可以判定空中目标的性质和种类，而且可以从集群中识别最危险的目标。

　　防空导弹营是S-400防空导弹团的基本作战单位，每个防空导弹营装备一部36H6型照射制导雷达、一部76H6型低空搜索雷达、12辆5P855型或5P85T型导弹发射车。每个防空导弹营编有4个防空导弹连，每个防空导弹连装备3辆5P855型或5P85T型导弹发射车。

　　S-400使用的36H6照射制导雷达是一部多功能、多通道、全相准连续波相控阵雷达，主要用于对高、中、低空弹道导弹的搜索，并引导防空导弹对其实施拦截。36H6照射制导雷达可以安装在5米高的40V6M型固定桅杆上，也可以安装在38.8米高的40V6M2型桅杆上，大大提高了对低空目标的探测能力。5P855型或5P85T型导弹发射车抛弃了传统四联装储运发射装置，将3具大型发射筒和4具小型发射筒捆绑在一起，构成七联装储运发射装置。其中，3具大型的储运发射筒可以装备3枚40H6型远程防空导弹或3枚48H6E/48H6E2型防空导弹，而4具小型发射筒可以装备4枚9M96E或9M96E2型中、近程防空导弹。在S-400主要装备的3种新型防空导弹中，40H6型远程防空导弹最大射程400千米，主要用于攻击远距离空中预警机和电子战飞机。该导弹将安装主动雷达导引头或半主动雷达导引头。在飞行末段，导弹将按照地面指挥所发出的指令选择飞行

★S-400防空导弹系统

高度，搜索、发现和跟踪目标，并对其实施自主攻击。

9M96E2型中程防空导弹最大射程120千米，射高5米～30000米，导弹重420千克，战斗部重24千克，平均速度1000米/秒。

9M96E型近程防空导弹射程1千米～40千米，射高5米～20000米，弹重330千克，战斗部重24千克，平均速度为750米/秒。

9M96E/E2型近、中程防空导弹均采用惯性＋指令＋自主引导复合制导方式，具备很高的杀伤概率。两型导弹均采用垂直发射技术，在弹载巡航发动机工作之前，利用发射筒内的燃气弹射装置将导弹推出发射筒。当飞离发射筒30米高时，巡航发动机开始工作，在弹道初始

★S-400防空导弹发射的一瞬间

段和中段采用惯性＋指令制导，在末段采用自主引导，对目标实施拦截。在对目标实施拦截之前，导弹将借助导弹空气动力控制系统完成超机动飞行，最大机动过载可达到20克。9M96E/E2的复合制导系统能够随时修正弹道轨道。

9M96E/E2导弹采用无线电引信和多点式起爆等新技术，作战性能获得很大提高。为了增大对敌作战飞机和导弹的杀伤概率，导弹采用无线电引信，其原理与蝙蝠的回声定位方式相似。当导弹飞向目标时，无线电引信像蝙蝠那样一边发出无线电波，一边接收目标的反射回波。根据回波信号的强弱以及比较发射波与回波的频率，或根据回波信号相对于发射波的滞后时间，来测定导弹与目标之间的距离。当达到预定的最佳距离时，无线电引信发出指令引爆战斗部。可控杀伤爆破战斗部使用多点式起爆系统，根据无线电引信发出的指令和脱靶参数引爆战斗部。为了准确命中目标，多点式起爆系统可以控制破片飞散的方向，使其与目标方向一致。S-400通用性好，一定程度地满足了俄空军提出的

★俄最新型S-400防空导弹可以对F-22A之类隐形目标构成威胁

"节省研发经费和实施小型化隐蔽部署"的战术要求。无论在外形尺寸还是在弹载设备方面，9M96E/E2防空导弹都基本上达到了通用性标准的要求。唯一不同的是：为了提高导弹的射程，9M96E/E2安装了大推力巡航发动机。9M96E/E2导弹对作战飞机的杀伤概率为90%，对导弹和无人机为80%，对战术弹道导弹为70%。此外，由于S-400系统的作战性能远远超过了S-300PMUI，部署一套S-400即相当于部署三套S-300PMUI。

S-400还装备有与S-300相同的"记者"-E电子对抗装置。可以自动发现来袭的反辐射导弹，并及时向地面搜索和警戒雷达发出短时间关机指令。在向地面搜索和警戒雷达发出关机指令的同时，电子对抗装置向来袭的反辐射导弹实施欺骗式干扰，力图使其偏离目标轨道。

首要任务：保卫莫斯科

在未来防空作战样式方面，俄空军将采取环形配置和多层拦截的作战样式，以期更加有效地抗击敌高、中、低空目标的饱和攻击。

早在20世纪50年代初期，为了拦截美国战略轰炸机对首都的核打击，苏联在莫斯科周围建立了双层环形防御圈。外层环形防御圈主要由地面远程警戒雷达和S-75防空导弹系统组成，部署在远郊地区。内层环形防御圈主要由地面近程警戒雷达和S-75防空导弹、防空高射炮组成，部署近郊地区。

20世纪90年代初期，随着苏联的解体和大规模裁军，莫斯科的内层环形防御圈基本土崩瓦解，外层环形防御圈也受到了一定破坏。鉴于S-400具备性能好、机动性强和小型化便于隐蔽部署等特点，俄罗斯空军将逐步恢复双层环形防御圈，即外层环形防御圈主要由地面远程警戒雷达和S-400组成。内层环形防御圈主要由地面近程警戒雷达、S-400以及陆军"水青冈"-M1、MI-2中程防空导弹系统和"道尔"M-1、"通古斯卡"近程防空导弹系统、防空高射炮组成。

目前，俄罗斯空军特种任务司令部新装备的两个S-400防空导弹团已经部署在内层环形防御圈内，即莫斯科的近郊地区，除担负拦截来袭敌作战飞机和各类导弹的任务外，还将拦截恐怖分子的飞机对首都战略目标的攻击。

在恢复首都莫斯科双层环形防御圈的同时，S-400防空导弹团还将与A-135导弹防御系统密切协同，对来袭敌洲际弹道导弹实施拦截，从而向"空天一体防御"计划迈出了坚实的一步。A-135的5K80R指挥所可以及时将弹道导弹预警卫星和地面导弹预警雷达获取的来袭敌洲际弹道导弹情报发送给S-400防空导弹团的83M6自动化指挥系统，根据来袭的敌洲际弹道导弹信息和特种任务司令部的命令，83M6向防空导弹营发出使用何种防空导弹拦截导弹的命令。

在防空作战对象方面，S-400将以拦截"战斧"巡航导弹为主，以期将战争初期遭受敌第一波打击的损失降到最低。

从1991年海湾战争到1999年科索沃战争，美国共计向伊拉克、波黑、苏丹、阿富汗和南斯拉夫5个国家发射了1119枚"战斧"巡航导弹，其中，有大约三分之一的"战斧"导弹在战争初期使用。俄罗斯空军专家认

★发射过程中的S-400防空导弹

为，在战争初期的首波打击过程中，莫斯科有大约36%的战略目标遭受了美国"战斧"的打击。由于具备雷达和红外特征信号弱，在低空利用地（海）面杂波和有利地形隐蔽飞行等特点，"战斧"巡航导弹可以躲避对方地面搜索警戒雷达的探测和跟踪，有效打击对方的战略目标。为了有效对付"战斧"的攻击，S-400将采取阵地防御和机动防御相结合的办法，对来袭的"战斧"导弹实施拦截。

阵地防御主要是指：S-400利用部署在首都莫斯科郊区的环形阵地，对"战斧"导弹实施拦截。S-400的新型超视距雷达负责发现和跟踪"战斧"导弹。由于S-400的9M96E2与9M96E型中、近程防空导弹具备了拦截低空目标饱和攻击的作战能力，根据"战斧"导弹的距离和高度，S-400可对其实施梯次配置多层拦截：30千米以内的"战斧"导弹将由9M96E近程防空导弹实施拦截，120千米以内的"战斧"将由9M96E2中程防空导弹实施拦截，500千米以内的"战斧"将由40H6型远程防空导弹实施拦截，而500千米以外的"战斧"将由A-50U预警机和米格-31战斗机、苏-27战斗机实施拦截。

机动防御主要是指：S-400利用在莫斯科郊区环形阵地以外的临时阵地，对"战斧"导弹实施拦截。为了躲避对方防空导弹的拦截，"战斧"导弹经常选择对方防空火力圈以外的航线飞行，因此，S-400将采取阵地作战与机动作战相结合的方式，对来袭"战斧"实施拦截。S-400系统全部使用了轮式底盘，装备了自主供电设备和先进的定位系统，由行军状态到战斗状态的反应时间为4~5分钟，因此，S-400系统完全可以采取机动作战方式对"战斧"导弹实施拦截。为了检验对"战斧"导弹的拦截能力，俄罗斯空军为S-400研制出了

★阅兵仪式上的S-400防空导弹部队

RM-5V27A靶弹。RM-5V27A靶弹在5V27防空导弹基础上改装而成，可以模拟"战斧"导弹的飞行轨迹，具有地形规避能力，雷达反射面积为0.02平方米~0.03平方米。2005年1月，在俄罗斯国防部卡普斯金亚尔靶场，S-400成功地拦截了RM-5V27A靶弹。

此外，为了免遭"战斧"的空中打击，S-400将采用伪装发射装置和低空捕捉雷达天线架等方式诱骗敌人。同时，俄空军S-400防空导弹部队将采用从一个阵地向另一个阵地紧急战术机动和短时间开机的战术，以期躲避AGM-88"哈姆"高速反辐射导弹的攻击。

有关出口的传闻

目前，世界上性能最好的中远程防空导弹系统为美国"爱国者"，其在实战中曾多次击落战术弹道导弹，不俗的表现引来许多国家青睐。S-400从开始研制就有与"爱国者"竞争的意思。与后者不同的是，S-400是世界上第一种为对付弹道导弹而设计的防空系统，最大射程是后者的两倍。S-400在1999年就成功进行试验，之后又进行多项改进，性能已经超过"爱国者"的最新型号PAC-3。西方相信，S-400只要一开始生产，很快会成为世界军火市场上最受追捧的一种防空导弹系统。

有报道称，俄罗斯已经开始向亚洲、欧洲以及中东地区推销这种导弹。让美国如坐针毡的是中东地区某些国家有可能拥有S-400系统。

据报道，阿联酋已于2002年和2004年获得S-400系统。2005年1月叙利亚总统在访问俄罗斯时对S-400表示感兴趣，希望购买该系统，并称钱不是问题。另外国际社会还在推测，伊朗也有购买这种武器的可能性。

2005年，俄罗斯曾顶住西方的压力，决意要向伊朗出口"道尔"防空导弹系统。后来伊朗又对性能更加先进的S-400系统表示感兴趣，希望尽快拥有自己的S-400防空导弹。

无论俄罗斯是否会再次不顾西方的反对将S-400卖给伊朗，可以肯定地说，如果伊朗拥有S-400，将是美国最不愿看到的结果。

8 舰空导弹

护卫舰队的"长空利箭"

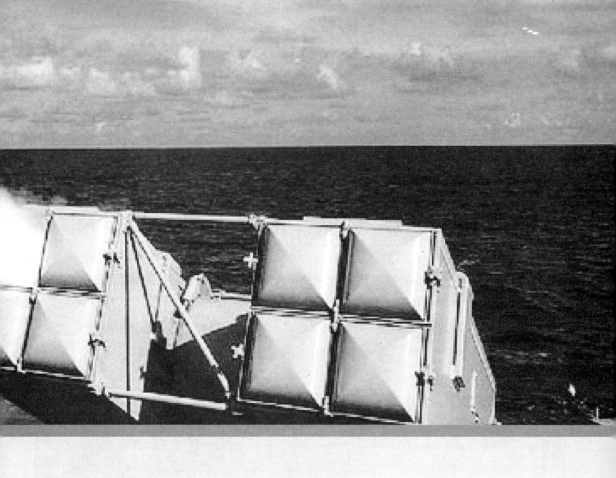

🌏 沙场点兵：海面的保护神

舰空导弹是指从舰艇发射攻击空中目标的导弹，亦称舰艇防空导弹。

如果说舰艇上装备的反舰导弹是舰艇的利矛的话，舰空导弹就是舰艇乃至舰队手里的坚盾，贴身的铠甲。反舰导弹出现以后，就迅速成为水面舰艇的噩梦。在1967年第三次中东战争中，埃及使用苏制"冥河"舰舰导弹一举击沉了以色列的"埃拉特"号驱逐舰；在1982年的马岛海战中，阿根廷使用法国研制的"飞鱼"M-39空舰导弹，击沉了英国当时最先进的"谢菲尔德"号驱逐舰。正是由于反舰导弹具有射程远、射击精度高、杀伤威力大等显著优点，凡是有能力研制或装备反舰导弹的国家，都在大力研制或装备各种类型的反舰导弹。在全球各类反舰武器中，装备最多的是反舰导弹。所以，反舰导弹是水面舰艇的主要威胁，已经成为世界各国海军的共识。面对掠海而来的致命"杀机"，舰空导弹就成为海军眼里最值得依赖的护甲。

作为舰艇的主要防空武器之一，舰空导弹与舰艇上的导弹射击控制系统、探测跟踪设备、水平稳定和发射装置等构成舰空导弹武器系统。按射程分为远程舰空导弹、中程舰空导弹和近程舰空导弹；按射高分为高空舰空导弹、中空舰空导弹、低空舰空导弹和超低空舰空导弹；按作战使命分为舰艇编队防空舰空导弹和单舰防空舰空导弹。射程从几千米至120千米，射高为几米至3万米，飞行速度一般为1.5～3.5马赫，最大为6马赫。制导系统一般采用复合制导或半主动寻的制导。有的采用主动寻的、被动寻的、无线电指令和波束制导。

★陈列中的"冥河"舰舰导弹

🌐 兵器传奇：航空导弹演义

舰空导弹可谓是久负盛名。第二次世界大战末期，美国海军曾研制一种以超音速冲压发动机为动力的舰空导弹；1955年，美国首先在"波士顿"号巡洋舰上装备"小猎犬"中程、中低空舰空导弹；1959年，制成"黄铜骑士"远程、中高空舰空导弹，装备在"加尔维斯顿"号等9艘巡洋舰上；1961年，又制成"鞑靼人"中近程、中低空舰空导弹，装备在驱逐舰和巡洋舰上，与"小猎犬"、"黄铜骑士"形成美国海军第一代舰艇编队防空舰空导弹系列。

为防御超低空飞机和掠海飞行反舰导弹的袭击，自20世纪60年代末以来，美国的"拉姆"、英国的"海狼"、法国的"海响尾蛇"等超低空、快速反应的单舰防空舰空导弹武器系统，先后被研制成功。1983年，美国海军"提康德罗加"号巡洋舰装备的"宙斯盾"全天候、全空域舰艇编队防空舰空导弹武器系统，采用多功能相控阵雷达，能同时对付多个目标。20世纪80年代中期，中国海军导弹护卫舰装备近程、中低空舰空导弹。

虽然二战后鲜有大规模的海军交战实例，但是舰空导弹在几次海战中的表现依然表明，舰空导弹是一种有效的舰艇防空武器。1968年5月9日，美国"长滩"号巡洋舰发射"黄铜骑士"舰空导弹，在105千米距离上击落越南米格-17飞机两架。1982年，马尔维纳斯（福克兰）群岛之战中，英国护卫舰发射"海标枪"、"海猫"舰空导弹击落阿根廷飞机多架。1991年海湾战争中，美国"海标枪"舰空导弹击落一枚伊拉克"蚕"式导弹。

★英国"海狼"导弹

🕹 慧眼鉴兵：海军之盾

要想清楚"海军之盾"的功能，必须要了解如今海军舰队所面临的威胁。

20世纪50年代，水面舰艇的主要威胁是携带炸弹的各种飞机。这些飞机受当时技术的限制，飞行高度较高，通常采用中、高空投弹攻击战术。而到了20世纪70、80年代，由于航空技术的发展，飞机低空、超低空作战性能有了很大提高，其最小作战高度可达40米。与此同时，飞行高度非常低的各型反舰导弹也已经装备了世界上许多国家的海军，成为水面舰艇的重要威胁。低空、超低空突防，高、中、低空相结合的多层次、多方向同时饱和攻击是通常采用的战术。

面对如此复杂的空中威胁，水面舰艇如何发展舰空导弹武器系统，提高自身的生存能力，一直以来都是世界各国海军普遍关注的问题。让我们从舰空导弹所面对的那些空中打击的基本战术及主要特征出发，详细了解舰空导弹是如何成为"海军之盾"的。

对舰艇实施空袭的目标主要有三种。一是各型作战飞机，如AT-3、F-5E/F、IDF、F-1、FS-X、F/A-18、苏27、JSF等攻击机、歼击轰炸机、直升机和无人驾驶飞机；二是机载反舰武器，如"幼畜"、"捕鲸叉"、"雄风"2、ASM-1、ASM-2、AS-7等机载空舰导弹，"哈姆"、"默虹"、Kh-31等机载反辐射导弹，以及GBU-12、"白星眼"、GBU-23、联合防区外攻击武器（JSOW）等机载航空制导炸弹；三是"捕鲸叉"、"战斧"、"雄风"2、SSM-1B、SS-N-2B、新一代反舰导弹、"蚊子"、"宝石"等舰（岸、潜）反舰导弹。

这些来自空中的"飞贼"大多采用多机种合同作战，同时使用各种精确制导武器进行防区外攻击，加上电子战和无人机的辅助，用小编队多批次，从不同的方向不同高度

★"宝石"反舰导弹

进行攻击，加上现在各型号的反舰导弹，舰队面临的空中威胁，对舰空导弹提出了更高的要求。

未来海上编队要想生存，不可能指望通过一两型武器来完成防空作战任务，必须依靠有效的由不同兵力、不同武器形成的对空防御体系。

在防御体系中，舰载防空导弹武器系统的主要使命是：实现距编队100千米以内有效的局部空域控制，拦截进入该空域的威胁目标，与航空兵力、电子战装备、舰炮共同完成对空防御和水面舰艇编队防区的空域控制任务。

远程舰空导弹武器系统作战高度为25米～18000米，主要拦截中高空、中远程各种飞机目标，兼顾对低空目标的拦截，能有效地对100千米以内的空域实施控制，属制空型武器。

中程舰空导弹武器系统射程为45千米以内，作战高度5米～15000米，主要拦截中低空、中近程飞机目标，兼顾对反舰导弹目标的拦截，属主战型武器。

近程和末段防御的舰空导弹武器系统的射程米10千米以内，作战高度4米～6000米，主要拦截低空、超低空、近程飞机和掠海反舰导弹目标，属点防御型和自卫型武器。至于舰艇编队中不同层次的舰载防空导弹武器的配置结构，则因编队的具体情况而异。

提高中近程舰空导弹武器系统的火力密度是实现舰艇有效防空的当务之急。随着舰艇防空能力的不断提高，特别是中、远程防空导弹武器系统的作战使用，空袭一方想从中、高空空域突防则很难获得优势，而在超低空、掠海空域，由于存在地球曲率和复杂的海洋环境，在目前的技术条件下，该空域自然环境的影响更有利于空袭一方。通常舰上雷达探测到采用超低空突防战术的飞机在40千米左右，而舰空导弹武器系统对其最大拦截距离也只有25千米～30千米。特别是大多数反舰导弹的雷达反射截面较小，巡航高度非常低，即使舰上探测系统发现目标，舰空导弹武器拦截该类目标的次数一般也只有1～2次。如果是类似俄"蚊子"类超音速反舰导弹，则一般对其只有1次拦截机会。加上反舰导弹的饱和攻击战术，使得现有的舰空导弹武器系统很难有效防御。因此，提高中、近程舰空导弹武器系统的火力密度是抗击反舰导弹饱和攻击的有效途径。

主要的技术手段有：系统采用相控阵跟踪制导或多通道配置的总体技术；导弹采用垂直发射技术；导弹采用主动雷达、被动雷达或被动红外寻的制导和复合制导技术，实现"发射后不管"。

利用空中探测、跟踪、制导等手段，充分发挥中远程舰空导弹武器系统的潜力，实现超视距拦截。由于掠海反舰导弹的威胁日益严重，未来海上舰艇对空防御作战，除了在视距范围内实施对该类目标的拦截外，反导纵深还要向超视距范围扩展。而中、远程舰空导弹无论在有效射程、飞行速度、可用过载等方面均有优势，主要的问题是必须解决对目标的探测跟踪和导弹的制导。

美国为了实现中程舰空导弹武器的超视距作战，正致力于导弹协同作战能力技术的研究，以实现对目标的超视距跟踪、照射，将"标准2"导弹的反导距离提高到40千米～50千米。因此，综合利用编队多探测器探测技术、复合制导技术等手段，实现中、远程舰空导弹武器系统的超视距拦截，加大作战纵深，提高有效拦截目标次数，对抗击隐身目标和超音速反舰导弹的攻击具有非常重要的意义。

舰空导弹的先行者
——美国"海麻雀"舰空导弹

◎ 从诞生到壮大的防空导弹

"海麻雀"舰对空导弹是一种全天候近程、低空舰载防空导弹武器系统，主要用于对付低空飞机、直升机及反舰导弹，1969年开始装备。20世纪60年代，美国海军计划发展一种比现有导弹系统小得多的短程点防御导弹系统（BPDMS），用以装备攻击型航母和轻型护卫舰，进行点防御。原来海军本打算发展RIM-46"海上拳击手"导弹用于点防御，但是1964年这个项目被撤消了。此时海军就将注意力转移到AIM-7E"麻雀"空空导弹身上了。

★AIM-7E"海麻雀"舰空导弹的发射瞬间

★机翼下的RIM-7M"海麻雀"舰空导弹

AIM-7E是1963年开始生产的,它在原"麻雀"导弹的基础上改用了MK38或MK52火箭发动机,射程大幅增加。当然,空对空导弹的有效射程很大程度上依靠于发射时的各项参数,如载机速度和目标的相对速度。"麻雀"空对空导弹在迎头攻击时,在最佳的情况下射程能够达到35千米,但是尾追时大概只有5.5千米。AIM-7E总共生产了大约25000枚,其各个批次之间也略有不同。鉴于AIM-7E的良好性能,美海军决定在AIM-7E空空导弹的基础上发展RIM-7E"海麻雀"系统,又称"基本型海麻雀"或者"基本型点防御导弹系统"。其导弹就是原封不动地采用AIM-7E空对空导弹,真可谓是"麻雀下海"。"海麻雀"的制导站和发射装置也因陋就简采用现有设备改装。其发射装置是经过改进的八联装阿斯洛克反潜火箭发射箱,火控系统主要是MK115型手控式火控系统和MK51手控式跟踪照射雷达,系统总重约17.7吨。此型"海麻雀"由于需要手工操纵火控系统,因此反应时间较长,低空性能差,不能对付反舰导弹。1967年,RIM-7E进入美军服役。从此,美国海军就开始对"海麻雀"进行无休止的改进。

"海麻雀"的导弹的改进几乎是同同型空对空导弹同步的。AIM-7E空对空导弹研制成功后,雷锡恩公司发展了AIM-7F型空对空导弹,其技术当然也运用在"海麻雀"上,这就是RIM-7F。其改进主要集中在导弹上,采用了新型的双推力发动机(大力神MK58或者AerojetMK65),这进一步增大了射程。此外它还采用了固态化的电子导引和控制系统,即AN/DSQ-35,这也需要改进的脉冲多普勒雷达进行配合。后来导引头又改进为AN/DSQ-35(AIM-7F-11)。小型化的导引系统为装备重型的MK71战斗部腾出了空间,这种型号从1975年开始生产,一直持续到1981年。从AIM-7F开始,这种导弹的官方编号也由"麻雀III"改为简单的"麻雀"。

实际上，RIM-7F的性能要比后来发展的RIM-7H还要好。这或许是1974年美国海军计划发展RIM-101A的缘故，它实际上是先进"海麻雀"RIM-7E/H的派生型号，但是由于RIM-7系列的发展，这个项目还是被取消了。RIM-7F并没有存在太久，因为后来出现了更先进的RIM-7M。

🚫 安装自动驾驶仪："海麻雀"按最优弹道飞行

★RIM-7M"海麻雀"舰空导弹性能参数★

弹长：3.66米	**攻击方式**：全向
弹径：0.204米	**使用条件**：全天候
翼展：1米	**制导方式**：半主动雷达制导
弹重：228千克	**引信**：近炸和触发引信
最大射程：1千米~22.23千米	**战斗部**：RIM-7E/H采用高能连续杆式
实用高度：150米~3千米	**杀伤半径**：15米
速度：2.5马赫	**动力装置**：MK38固体燃料火箭发动机

1978年，美国海军为进一步改进和提高"麻雀"空对空导弹的性能而独立研制了AIM-7M，自然也有了其地面的对应型号RIM-7M高级型"海麻雀"。有人认为M代表单脉冲（monopulse），因此并没有J.K.L型号。该型导弹的外形和尺寸都和RIM-7H相似，其重要特征是采用带数字信号处理器的倒置单脉冲接收机，其位于新的WGU-6/B设备舱内，这

★正在安装的RIM-7M"海麻雀"舰空导弹

使该型导弹的抗地物杂波能力大增，首次具备了下视下射能力，能够有效对付掠海飞行的反舰导弹。此外，它使用了新型的数字计算机，自动驾驶仪和引信。

自动驾驶仪使RIM-7M导弹能够按最优弹道飞行，只有目标机动到一定范围外时，导弹才会实施机动，以节省能量。RIM-7M的发射装置改为八联装MK29箱式发射系统，它也能够使用宙斯盾系统的MK41或者MK48垂直发射系统发射，其每个发射单元可以装4枚"海麻雀"。

此后，为对应改进的"麻雀"空对空导弹，"海麻雀"还发展了RIM-7P和RIM-7R两种型号。RIM-7P实际上是RIM-7M的改进型。它大幅提高了电子系统和弹载计算机的性能，装备了新的导引头，并且增加了中段的数据链系统。其对付小型低空目标的能力增强。而RIM-7P也有两种不同的改进型，即"布洛克1"和"布洛克2"。"布洛克1"有一个WGD-6D/B制导舱，而"布洛克2"则采用了一个WGU-23D/B制导舱，并且增加了后置接收机。RIM-7P有一种训练导弹为RTM-7P。到2001年为止，各种型号的"海麻雀"总共生产了9000多枚。

🚫 改进型"海麻雀"：脱胎换骨

冷战过后，美国和俄罗斯每每发展一种新式武器，都在考虑它的出口价值。"海麻雀"也是如此。

改进型"海麻雀"概念设计于1988年，由胡福斯和雷锡恩公司提出，称之为与"海麻雀"发射系统兼容的新型导弹系统。它将可以对付高速高机动的反舰导弹。最初，曾经对这种导弹有一种非官方的编号"RIM-7PTC"（尾翼控制型RIM-7P）或者"RIM-7T"，但是它真正的官方编号是"RIM-162"，从这个编号也能看出，这是一种全新的导弹系统。1995年，美国海军宣布胡福斯为ESSM项目竞争的胜利者，随后，它就联合雷锡恩公司一同进行设计。后来胡福斯公司导弹分部被雷锡恩公司收购，所以目前雷锡恩公司是ESSM项目的唯一承包商。

RIM-162是以RIM-7P为基础设计的，但是两者几乎没有什么相似的地方，前者应该算是一种全新的导弹。它是一种尾控（即正常式布局，控制舵面在尾部）的导弹，采用推力矢量系统，可以使导弹的最大机动过载达到50G，而且不会随射程的增加而大幅减小。目前的战斗机即便作出9G的持续规避机动动作也丝毫无法躲闪它的攻击。ESSM还采用了全新的单级大直径（25.4厘米）高能固体火箭发动机、新型的自动驾驶仪和顿感高爆炸药预制破片战斗部，有效射程与RIM-7P相比显著增强，这使ESSM的射程到达了中程舰对空导弹的标准。ESSM采用了大量现代导弹控制技术，惯性制导和中段制导，X波段和S波段数据链，末端采用主动雷达制导。这种特殊的复合制导方式可以使舰艇面对最为严重的威胁。

★发射过程中的RIM-162导弹

　　2008年，雷锡恩公司计划生产了4种型号的ESSM导弹。RIM-162A是计划用宙斯盾系统的MK41垂直发射系统进行发射的型号，每个MK41发射单元内可存放4枚ESSM导弹。RIM-162B是用非宙斯盾舰的MK41垂直发射系统进行发射的型号，它设有宙斯盾系统的S波段数据链。RIM-162C和RIM-163D则分别是由MK48垂直发射系统和MK29箱式发射系统发射的RIM-162B的改进型号。

　　各种型号的ESSM飞行测试平台的试验工作于1998年9月展开，这些试验包括拦截靶机和模拟的导弹威胁。2003年，ESSM完成了在"小鹰号"航母上的试验，效果良好，下一步就是展开大批量生产并形成战斗力了。

俄罗斯王牌
——S-300F舰空导弹

🚫 暗礁出海：承继俄罗斯兵工血统

　　S-300F，美国人叫它SA-N-6，也叫"里夫"-M，是一套海军使用的舰载垂直中远程防空导弹发射系统。

★S-300F舰空导弹

S-300F舰空导弹采用单筒垂直发射方式。1980年装备的武器系统成为"要塞",其最大射程为47千米。1985年又换装了5V55RUD导弹,最大射程增加到90千米。1990年初,又换装了48H6E导弹,最大射程增加到150千米,并用于出口,武器系统名称也改称为"暗礁"。

S-300F舰空导弹武器系统,担负海上舰艇编队的防空任务,既可对付空袭目标,还可以用于摧毁水面目标。其主要任务是:拦截舰艇防御区域以外的敌空袭密集编队,以及在编队自我防御区以外远距离摧毁载有反舰导弹、反辐射导弹以及电子对抗设备的水面舰艇等。

◎ 海军利刃:让敌机坠入噩梦

★S-300F舰空系统48H6E导弹性能参数★

弹长: 约7.6米	**最大射程:** 150千米
弹径: 0.508米	**射高:** 25米~25000米
翼展: 1.134米	**最大飞行速度:** 6.1~6.7马赫
弹重: 1800千克	**命中率:** 70%
战斗部重: 144千克	

★48H6E导弹

　　S-300F舰空导弹系统由制导雷达、中央控制舱、自动发射装置、导弹及发射系统等部分组成。

　　S-300F舰空导弹系统中采用9M96E导弹。9M96E导弹的发射重量、弹径、战斗部重量等较48H6E和48H6E2都大大减小，与"里夫"-M舰空导弹系统简化型配套使用，以拦截掠海飞行的目标为主。9M96E导弹拥有自身小型储运发射箱，也可利用装载48H6E和48H6E2两种导弹的大型储运发射箱。一个大型储运发射箱内可装4枚9M96E导弹，从而大大增强了系统的火力密度。48H6E弹长约7.6米，弹径为0.508米，翼展1.134米，弹重1800千克，战斗部重144千克，最大射程150千米，射高25米~25000米，最大飞行速度6.1~6.7马赫，单发杀伤概率为0.7，制导方式为无线电指令＋末段TVM制导，导引方法为比例导引，发射方式为垂直发射，动力装置是单级单推力高能固体推进剂发动机。

　　48H6E和48H6E2在重量、尺寸和性能上比较接近。比48H6E小很多的9M96E导弹最大射程达到40千米，重量约400千克，可用来拦截飞机、战术弹道导弹及飞行高度在5米至25千米范围内的其他类型导弹目标，该导弹采用了惯性导航系统，并在中段靠地面雷达站进行无线电指令修正。9M96E导弹最大可用过载在距离为15千米时为60克，而在40千米距离时为30克。由于采用末段燃气动力控制，提高了制导精度。

　　具有多点起爆能力的杀伤爆破式战斗部使9M96E导弹战斗部的重量大大减轻，仅为24千克。尽管战斗部重量减轻很多，但由于战斗部是在导弹与目标最接近点时引爆，破片密度大，故其杀伤威力提高了2.5倍。与48H6E和48H6E2导弹最大的不同是，9M96E导弹不需要相控阵雷达，只需要一部三坐标雷达就能工作。

　　S-300F舰空导弹系统所配置的制导雷达是一个单面旋转相控阵雷达，西方称之为"顶罩"雷达。该雷达由五部天线和高频舱组成一个雷达天线座，该雷达主要依靠舰上的三坐标搜索雷达提供目标指示。制导雷达最上方大圆罩内装有一个单面旋转相控阵天线，是主雷达，天线直径为3.5米；在其下方是3个并排安装的柱形天线；在大天线罩和柱形天线之间有一个小的圆形天线罩，内装有一个0.5米直径的小型相控阵天线阵面。

　　S-300F舰空导弹系统的雷达的天线群和高频舱室都在一个大天线座上，三者共重26.5吨，尺寸约为6.2米（长）×5.6米（宽）×7.65米（高）。其中主天线阵面（主雷达）用来跟踪、照射目标并跟踪导弹，接收导弹返回的目标坐标信息并发送导弹控制指令；小天线阵面（小雷达）用来在导弹发射初段时截获发射后的导弹，将导弹的坐标信息送到主雷达，引导主雷达截获导弹；3个柱形天线用于电子对抗作战时旁瓣对消。

　　S-300F舰空导弹系统主雷达的发射机由三级速调管组成，只能工作在一个频率点上，更换频率必须更换速调管。制导雷达天线所在部位由于船体变形而会出现较大的随机测量

★S-300F舰空导弹系统

误差。为此，在天线座上配有一个双轴稳定的陀螺平台来校正此误差，以对波束进行稳定控制。

S-300F舰空导弹系统中央控制舱包括雷达发射机的激励器、接收机的中频和视频部分、火控计算机、导弹控制台、目标指示设备、数据交换设备、机内检测设备以及A/D变换等22个机柜。中央控制舱负责与外部信息交换、信息处理和显示、系统的工作方式和功能控制以及导弹发射控制，并完成系统的检查及操作训练等。

S-300F舰空导弹系统导弹控制台是中央控制舱的核心设备，它的任务是完成"里夫"-M系统所要攻击目标的录取、射击诸元的计算、导弹射前参数装定、导弹的发射控制以及导弹飞行制导指令形成。导弹控制台上有P型显示器和A型显示器。P型显示器显示威胁目标的方位、距离，A型显示器显示目标、导弹的信息以及遭遇点。火控计算机由两台计算机组成，每台计算机由3个CPU构成多处理机，其中1个CPU作为备份。每台计算机完成3个目标和6枚导弹的跟踪照射处理。此外，还可以完成目标参数的模拟，机内检测以及故障定位等。机内检测设备完成系统的功能检查和故障检测、隔离以及目标模拟等。

S-300F舰空导弹系统的自动发射装置主要控制弹库中的转柱转动、导弹发射准备、射前检查、参数装定，并将导弹射前的状态信息反馈到中央控制舱。一台自动发射装置可控制4个发射井。"里夫"-M系统导弹的贮存、运输和发射都由贮运发射筒完成，导弹贮运发射筒头部有较厚的易碎盖，背面刻有预制沟槽，在3个大气压下即可破碎。底部有固定导弹机构、导弹弹射器、两个燃气发生器，沿发射筒水平方向的两侧有活塞筒及推杆，下部有电缆及导轨。贮运发射筒在导弹发射后，经过一定修复如更换顶盖等，可重复使用3~4次。在每个发射井内都设有大型转柱，上面挂有带贮运发射筒的导弹8枚，弹筒围绕着转柱分布，挂弹后转柱直径为3.8米，转柱下面还有转动机构。待发射导弹转至发射井口后，这枚待发导弹被加电并装定参数，其他导弹可进行射前检测。弹库是一个大通舱，由4个、6个或8个发射井组成，高约9米，四周有装甲保护。

◎ 同台竞技：S-300F表现卓越

与其他同类防空系统相比，S-300F舰空导弹系统有着非常显著的特点。

1.射程远、作战空域大。"里夫"-M有效射程为90千米，低界为25米，可拦截各种携带近程空舰导弹的载机和如"冥河"类大中型反舰导弹，具有远程区域防空作战能力。

2.对付多目标的能力较强。由于采用了垂直发射技术、相控阵制导技术，"S-300F舰空导弹系统在900方位角范围内能同时发射12枚导弹拦截6个目标，因此该系统具有一定的抗饱和攻击能力。

3.抗干扰能力较强。这主要是因为该系统采用TVM制导体制以及相控阵制导雷达技术，抗干扰措施多。

4.可靠性好。导弹的贮存、运输、发射都用同一个筒，使用维护方便，筒内导弹可10年不用检测，导弹第10年时的发射飞行可靠度还大于0.75。从中我们不难发现，在对付中程和远程目标时，"里夫"-M系统均可从容应对。

S-300F舰空导弹系统有两种工作方式：一种是接收舰上指控的目标指示工作方式，另一种是在某一位置制导雷达自主搜索、跟踪目标工作方式。通常S-300F舰空导弹系统工作在前一种方式下，舰上三坐标雷达给出目标信息，经舰上作战情报指挥系统进行目标识别、威胁

★即将出厂的S-300F舰空导弹发射管

判断，再分配到"里夫"系统，由中央控制舱内的目标指示设备接收，并送到导弹控制台；控制制导雷达天线调转到目标指示方向，雷达截获目标后转入自动跟踪状态，计算机根据导弹控制台送来的目标参数计算目标射击诸元。与此同时，自动发射装置进行导弹选取、加电，并对待发导弹进行射前参数装定。导弹发射后离舰面25米～30米高度时主发动机点火。当导弹穿过制导雷达的小雷达（截获雷达）的截获屏时，小雷达将导弹的坐标参数送到主雷达；当主雷达截获导弹后，制导雷达对导弹、目标进行跟踪，并对目标照射。舰上计算机根据目标、导弹的信息计算导弹偏离弹道的数据，以此形成指令，并发送给空中的导弹，指令周期为0.1秒。制导雷达对目标的照射是脉冲式的，当导弹的导引头搜索、捕获到地面照射经目标反射回来的信号后，就由中段指令制导转换到TVM末段制导。

不列颠舰队护卫
——"海狼"舰空导弹

◎ "海狼"出海：掠海目标的捕食者

　　"海狼"是英国航空航天公司动力部研制的一种舰载近程低空防空导弹系统。标准"海狼"采用GWS25火控系统，装备在排水量3000吨以上的舰只上，用来对付超音速飞机、反舰导弹等各种来袭目标。"海狼"的设想始于20世纪60年代初，最初拟作为"海猫"的后继型号。

　　1967年10月第三次中东战争后，反舰导弹对舰艇的威胁日益增长，各国海军迫切需要防御手段，英国海军认为用导弹来拦击反舰导弹是一种积极措施。另外，当时英国海军航空母舰等大型舰只数量减少，护卫舰数量增加，也要求装备反应快、具有独立作战能力的点防御系统。这两方面的要求促使"海狼"系统于1968年7月开始全面研制。

　　最初英国海军对"海狼"系统的主要要求是：导弹能垂直贮存在甲板下，尺寸要小；系统反应时间要短，应有尽可能小的射程近界和覆盖较大的仰角；作战过程应全部自动化；在全天候条件下能对小型超音速目标实施攻击。后来又进一步增调了攻击低空目标的要求。

★ "海狼"导弹的冲天一瞬

◎ 跟踪制导：全天候拦截

★ "海狼"导弹性能参数 ★

全弹长：3米	最大速度：2.5马赫
弹径：0.18米	发射方式：垂直发射
弹重：140千克	全方位拦截
杀伤半径：8米	命中率：90%
最大射程：7.5千米	

基本型"海狼"是第一个具有拦截反舰导弹能力的舰对空导弹武器系统，它反应时间短、自动化程度高，但由于使用了人工参与的电视跟踪系统，削弱了它的超低空性能，特别是反掠海导弹的能力。另外它价格较高、质量偏大，也限制了它的应用范围。针对"海狼"的不足之处，在基本型基础上，开发了轻型"海狼"与垂直发射"海狼"等新型的舰对空导弹武器系统。

◎ 实战考验：马岛战争显神威

1982年英阿"马岛"之战，装备"海狼"系统的"大刀"号和"华美"号护卫舰经受了实战的考验，据报道"海狼"共击落5架阿根廷超低空飞行的战斗机和1枚AGM-12"小斗犬"空对舰导弹等8个目标。

马岛战争期间双方在战斗中大量使用导弹，在战场上取得了惊人的效果，因此全世界军界人士称这次战争为"导弹时代的首次战斗"。马岛战争中使用的先进武器，有各类战术导弹、制导鱼雷和激光制导炸弹，现统称为精确制导武器。英军使用了空对空、空对舰、舰对空、地对空、潜对舰、反坦克等制导武器；阿军也使用了空对舰、岸对舰、地对空等战术导弹。双方共使用精确制导武器有17种之多，这比1973年10月第四次中东战争使用的战术导弹型号更多，品质更为先进，战果也更为突出。从马岛战争的过程可以明显地看出精确制导武器在战斗中的实际效果。

5月中旬，英特混舰的海军陆战队和陆军部队陆续到达马岛周围，准备登陆，并在特遣部队周围建立对空防御。第一层防御，由"海鹞式"战斗机携带AIM-9L"响尾蛇式"空对空导弹（弹长2.9米，弹径0.12米，发射重量84千克，射程18千米，红外制导），担负空中巡逻任务。

　　第二层防御，由两型军舰装备的舰对空导弹组成，一艘为42型驱逐舰装备"海标枪式"舰对空导弹（弹长4.36米，弹径0.42米，发射重量550千克，射程80千米，雷达指令和末制导）；一种为22型护卫舰装备"海狼式"舰对空导弹（弹长2米，发射重量82千克），这种导弹设计任务是攻击高空目标，但在战斗中迅速调整导弹火控系统后，也能拦截超低空飞行的敌机。

　　这两型军舰的舰对空导弹，组成了"导弹空中陷阱"。第三层防御，由三四艘水面舰只的火炮和舰对空导弹组成"火炮空中防线"，负责驱走来袭的阿根廷飞机。第四层防御，由突击舰运兵船上的小口径火炮和"海猫式"舰对空导弹，及英军在马岛登陆后滩头阵地上部署的"轻剑式"地对空导弹，"吹管式"单兵携带地对空导弹，"毒刺式"单兵携带地对空导弹组成，拦截从低空进入的敌机。这四层防御，构成了大纵深、多层次、密集的防空火力网，实行空中封锁，取得局部海域的制空权。

　　在本次战争中英军损失各型飞机36架，其中"海鹞式"战斗机6架，"鹞"GR3型战斗机4架，各种直升机24架。阿空军损失各型飞机117架，其中在空中被击落86架，在地面被毁31架。在空中被击落的86架飞机中：被"鹞式"飞机装备的AIM-9L空对空导弹击落17架，

被"鹞式"飞机机炮击落6架，被"海狼"舰对空导弹击落5架，被"海标枪"舰对空导弹击落8架，被"海猫"舰对空导弹击落10架，被"轻剑"地对空导弹击落20架，被"吹管"地对空导弹击落11架，被"毒刺"地对空导弹击落1架，被舰炮和地面火炮击落8架。

　　以上合计被英军防空导弹击落的阿机共72架，占阿军被击落飞机总数的84%，被火炮击落的阿机14架，占被击落飞机总数的16%。防空导弹击落飞机的比例如此之大，在导弹时代已有许多战例：1972年美军在越南战场上，被越南北方部队击落

★正在装填中的"海狼"导弹

★正在装载的"海猫式"舰对空导弹

B-52战略轰炸机32架,其中28架、占90%是被地对空导弹击落的;1973年10月,第四次中东战争中双方损失飞机449架,其中62%是被空对空导弹击落的。由此可见战术导弹在战场上获得的显赫战果,给人以深刻的印象。

战事回响 <<< <<< <<<

◎ 美国"黄铜骑士"舰空导弹传奇

十年铸一剑:"黄铜骑士"出场

在美国的四大军种中,可以说美国海军是最重视发展防空导弹的军种了,看看它发展的型号繁多的舰空导弹就知道了:"黄铜骑士"、"小猎犬"、"鞑靼人"、"标准"、"海麻雀"、"海上小槲树"、"拉姆"。其中每个系列又都演绎出不少改型。相比之下,空军只有"波马克"这一个"独生子",陆军也只有3个系列的大型防空导弹。这也难怪,因为海军的航空兵部队多是用来攻击对方地面目标的,防御敌人进攻的重担自然落到舰空导弹舰上。早在第二次世界大战结束之前美国海军就开始发展舰空导弹系统了，只不过因为这并不是其急需的武器而显得不紧不慢。但先期的研究成果并没有付诸东流，二战结束后，美国海军较早地装备了防空导弹这种当时还比较新鲜的玩意儿。而早期装备的三种名字以T开头的防空导弹组成了美国海军战后早期的对空火网。

1944年，美国海军为了研制一种装备冲压喷气发动机的防空导弹系统而启动了"大黄蜂"计划，而正是这个计划造就了美国海军早期的三种射程不一的导弹系统——RIM-8黄铜骑士远程导弹系统、RIM-2小猎犬中程导弹系统和近程的RIM-24鞑靼人防空系统。需要说明的是，大黄蜂计划的初衷只是研制黄铜骑士导弹系统，而其余两者则属于其"附属"产品。

"大黄蜂"计划最初是在约翰霍普金斯大学的应用物理实验室进行的，至今该实验室仍然是美国发展以液态碳氢化合物为燃料的超音速燃烧冲压发动机（注意它与传统的冲压发动机并不相同）的排头兵。1945年，该实验室就完成了制造一具冲压喷气发动机的眼镜蛇验证弹，而这仅仅是个开始。1948年，在此基础上研制的PTV-N-4BTV试验弹也制造完成。最初，限于当时的技术，黄铜骑士只是计划采用较为简单的雷达波束制导方式，但即便如此，仍需要进行大量的试验。因此对这种制导方式的验证也就成为试验弹的任务之一。1948年，设计人员成功地在采用固体火箭发动机的CTV-N-8试验弹上进行了超音速条件下的波束制导试验，最初的成功给研制人员带来了极大的鼓舞。黄铜骑士计划仍在按部就班地进行着，而这种CTV-N-8试验弹也发展成一种中程舰空导弹——RIM-2小猎犬，而后

★"黄铜骑士"舰空导弹发射装置

来的RIM-24鞑靼人则是去掉助推器的高级小猎犬，因此说大黄蜂计划是美国海军"3T导弹之母"也毫不夸张。

美国海军将研制"黄铜骑士"的任务交给了邦迪克斯公司，而研制黄铜骑士也是"大黄蜂"计划的一部分。美国海军为了研制黄铜骑士舰对空的大黄蜂计划发展了不少以冲压喷气发动机为动力装置的试验载具。在那个年代，冲压喷气发动机几乎成为西方各国舰空导弹的标准配置。美国空军第一种、也是当时唯一的一种防空导弹的波马克远程防空导

★RIM-8黄铜骑士远程导弹系统

弹（更像是无人驾驶截击机）、英国的警犬防空导弹和后来的海榭树导弹都采用了冲压喷气发动机。冲压发动机与较普通的喷气发动机相比省去了压缩机，发动机只是由冲压进气道、燃烧室和尾喷管三部分组成，其结构较为简单。当这种动力被加速到一定速度时，空气进入进气道，经过进气道减速加压后与燃料混合燃烧产生高温燃气推动弹体前进。较当时的普通液体燃料发动机和第一代固体火箭发动机来说，冲压喷气发动机有着不可比拟的优点。它的比冲更大，燃烧速度受控，靠吸取空气中的氧气而不需要自己携带氧化剂，减小了体积，能够在整个飞行过程中保持相对恒定的超音速飞行，因此被大范围采用。

编号为RTV-N-6a3的试验弹于1951年进行了首次成功飞行测试。而此时，海军已经将SAM-N-6的编号分配给黄铜骑士。1952年10月，黄铜骑士的原型弹XSAM-N-6进行了首次试飞，此次试飞可能为开环试验。同年晚些时候，使用RTV-N-6a4弹体的黄铜骑士进行了有制导的拦截试验，试验相当成功。但是此后，海军多次变更、提高导弹的战术指标，导致黄铜骑士到1959年才完全研制成功，陆续装备到美国海军的7艘巡洋舰上，而此时距离计划开始时已经10年了，真可谓"十年铸一剑"。不过总的来看，因为是首次研制舰空导弹，其中要克服很多新材料新技术和新概念，所以10年时间也不算太长。

骑士服役：千呼万唤始出来

第一种装备部队的黄铜骑士导弹为ASM-N-6b型。而SAM-N-6a的编号很可能在漫长的发展过程中被赋予了一种未装备的过渡型号，目前关于SAM-N-6a的记录很少，我们先来看看ASM-N-6b型黄铜骑士的不凡身手。

ASM-N-6b黄铜骑士导弹弹体为圆柱体，由两级串连而成，第一级为一个固体助推器，其尾部装有稳定尾翼，第二级采用一台冲压喷气发动机，发动机长0.71米，采用煤油和一种挥发油混合而成的液体燃料。它采用旋转弹翼式气动布局，这种布局的特点是控制舵面位于弹体中部，在弹体后部为尾翼，它们均按"X"状布置，并处在同一个平面内。弹体头部装有一个中心锥体，锥体周围为冲压发动机的环形进气道。其全动式弹翼位于第二级，几何形状较为复杂，第二级尾部为矩形的尾翼。喷气冲压发动机和先进气动布局的采用使它的最大射程达到120千米，射高达到了3千米～26.5千米，全面超越当时苏联的萨姆-2防空导弹，显示出美国在导弹技术方面的领先。

导弹采用了中段波束加末端半主动雷达寻的制导的复合制导方式。对于一种20世纪50年代的防空系统来说，这种制导方式算是相当复杂先进的了，相较于当时甚至后来才出现的霍克和苏联的SAM-6采用的全程半主动雷达导引也复杂得多，同时也比苏联广泛采用的指令制导方式先进。雷达波束制导是较早采用的一种制导方式，它又称雷达架束制导。采用这种制导方式的导弹系统先由制导站的导引雷达发出引导波束，导弹在这个波束中飞

★刚刚诞生的"黄铜骑士"导弹

★发射过程中的"黄铜骑士"导弹

行，当它偏离引导波束中心时，其自身天线感知偏离的大小和方向，然后由自身形成引导指令，控制它飞回引导波束的中心，直至命中目标。若想改变导弹飞行方向，只需要移动引导波束即可。这连同指令制导是最早被采用的制导方式，不仅地对空导弹采用，而且很多早期的空空导弹也有不少采用这种制导方式的，例如苏联的AA-2。其原理、制导设备较为简单，易于实现。但是用它对付高机动目标就显得不适合了。因为导弹本身感知引导波束需要一个过程，引导波束不可移动太快。另外，这种方式也不能满足远射程的精度要求，因为预期距离越远，引导波束就越宽，造成的误差就越大，当这个误差达到一定程度时就会不可避免地造成脱靶。因此黄铜骑士导弹只是利用这种方式进行中段制导（核战斗部型和训练弹除外）。这还有另外一个没有想到的好处，因为采用架束中段制导，并采用高空弹道，导弹可以从飞机上方进行俯冲攻击，这常会使飞行员惊慌失措，因为在它们眼里，地对空导弹通常只是从下方袭来。

综合来看，无论是导弹的射程、射高等硬性指标还是制导方式、雷达性能，ASM-N-6b黄铜骑士在当时的防空导弹中都是处于顶尖地位，而在舰空导弹中更是无出其右者。此后，美国海军还对其进行了多次大幅改进，进一步提高了其作战效能。

血染沙场：黄铜骑士击落米格

1960年，SAM-N-6b黄铜骑士的第一种改型SAM-N-6b1装备部队。其主要改进就是大大增加了射程，几乎是SAM-N-6的两倍，而且它装备一个新型的连续杆战斗部，杀伤半径进一步增大。SAM-N-6bW1则是装备6BW核战斗部的对应型号。

通常，装备核战斗部和常规战斗部的黄铜骑士为两种不同的型号，战斗部不能互换。而分别将这两种导弹分开装备是不大可能的，因为在当时背景下每一艘装备黄铜骑士的军舰都会或多或少地装备一些装核弹头的型号，尽管这些导弹几乎不可能被使用。这样就会减少军舰携带常规弹头的数量，不利于持续作战。为此，海军研制了一种新的型号SAM-N-6c1"统一黄铜骑士"，它于1962年装备部队。有了这种型号，黄铜骑士的战斗部可以在核战斗部与常规战斗部间互换。在军舰上的导弹可以选择安装任何一种，大大增加了作战的灵活性。SAM-N-6c1的杀伤区高界增大，换装了新型的连续波半主动雷达导引头进行末制导，这种导引头具备更强的滤除抑制杂波能力，对付低空目标的能力大大提高。"统一黄铜骑士"不久就代替了美国海军舰艇上大多数早期型号的黄铜骑士。少量的SAM-N-6b1导弹也装备了连续波导引头，这种型号被命名为SAM-N-6b1（CW）。

20世纪50年代中期，美国空军试图在海军黄铜骑士导弹的基础上研制一种陆基的黄铜骑士防空导弹（黄铜骑士L或者黄铜骑士W），作为救急。1955年，IM-70的编号分给了空军，而XIM-70A和XIM-70C的编号则分别为海军的SAM-N-6b1和SAM-N-6bW1陆基型号保留。目前并没有关于"70B"编号的记录。但不久空军自己的IM-99/CIM-10波马克已经研制成功，空军对这个计划逐渐失去了兴趣，1957年，陆基的黄铜骑士项目转交给陆军，此后不久这个计划被彻底地取消了。

各个型号的黄铜骑士舰空导弹都具备一定的反舰能力，这也是早期舰空导弹的共同特点，但是由于对付地面或海面目标的精度有限，似乎只有装备核战斗部的型号才具备真正的地对地能力。1963年，美国国防部开始实施新的编号体制，所有型号的黄铜骑士均被重新编号为RIM-8系列。

RIM-8G导弹改进了波束制导系统，并于1966年服役。最后的地对空型黄铜骑士是RIM-8J，它进一步改进了半主动雷达导引头的性能并且于1968年服役。1968年，一艘美国海军的长滩级巡洋舰用黄铜骑士导弹在很远的距离

★"小石城"号导弹轻巡洋舰上的黄铜骑士导弹

上击落一架越南空军的米格战斗机。在越南战争中，黄铜骑士舰空导弹总共击落了3架米格战斗机。

RGM-8H反辐射黄铜骑士是一种专职反辐射导弹，它主要用于攻击部署在海岸港口附近的雷达目标，反辐射黄铜骑士的被动雷达导引头能够覆盖并跟踪大多数雷达的频率，此外它还能够对对方的电子干扰源进行定位并攻击。1965年，该型导弹进行了飞行测试，不久后RGM-8H就用于东南亚战场，在那里它主要用于攻击越南的萨姆导弹制导雷达阵地。

1974年，黄铜骑士防空导弹开始逐步被淘汰，到1979年，最后一艘装备黄铜骑士的军舰退出美军现役。原来打算用于替换黄铜骑士的SAM-N-8/RIM-50台风LR防空导弹计划最终也被取消了，远程防空导弹最终由RIM-67标准ER接替了。剩下的大多数黄铜骑士导弹都被改装成MQM-G汪达尔人超音速靶弹，用于模仿反舰导弹。

9 空空导弹

长空利刃

🐎 沙场点兵：战机的傍身利器

空空导弹，简单地说，就是从飞行器上发射攻击空中目标的、具有导引装置的火箭弹。

早期的空空导弹采用普通的预制破片战斗部（类似普通手榴弹、炮弹的破片），由于空空导弹（特别是格斗弹）体积较小，战斗部也较小（从5千克到15千克不等），预制破片战斗部在爆炸时产生的弹片对大型飞机（特别是有一定装甲防护的战略轰炸机）毁伤概率不高。

为提高导弹的毁伤概率，连续杆战斗部被用于空空导弹，一个连杆的首尾分别与相邻的连杆相连，如同可以拉伸的折叠尺形状，环绕战斗部一圈。战斗部爆炸时，连续杆在炸药推动下如折叠尺展开成为环状，高速飞向目标，对目标形成切割效应，有效地提升对目标的毁伤概率。

连续杆战斗部的使用中，也出现影响末端速度、杀伤范围小等问题，于是，将连续杆加以改进，将连续杆预先切断而成为预制离散杆战斗部，既保留杆形破片的切割效果，又加大了杀伤范围。目前，连续杆战斗部和离散杆战斗部都在空空导弹中大量使用，后者多用于装药量小的空空导弹。

🐎 兵器传奇：制导模式的进步

世界上第一种空空导弹出现在1944年的德国，随着第三帝国的覆灭，X-4型有线制导空空导弹并未在二战中投入实战使用，和许多第三帝国研制的先进武器一样，这些武器、试验设备、负责的科学家被美苏两国获得，成为很多先进武器的鼻祖。

二战后，空空导弹的发展经历了三个阶段。

第一阶段是20世纪40年代中期至50年代中期。空空导弹只能对机动性能比较差的亚音速轰炸机实施尾追攻击，射程2千米～6千米，主要有美国的"响尾蛇"AIM-9B，苏联的AA-1导弹。

第二阶段为20世纪50年代中期至60年代中期。超音速轰炸机的出现和电子技术的发展，促使空空导弹的射程、横向过载、适用的高度和速度都有很大提高。制导规律普遍采用比例导引，导弹具有一定的拦射和全天候作战的能力，主要有美国的"麻雀"AIM-7E导弹等。但在越南和中东战争中的使用结果证明，这类空空导弹不宜用于攻击高速度、大机动飞行的目标。

★AIM-120中距空空导弹

第三阶段是20世纪60年代后期至90年代。空空导弹在远距离全方向、全高度、全天候拦射和近距离格斗性能方面都得到了很大发展，如美国的"不死鸟"AIM-54C、"先进中距空空导弹（AMRAAM）"AIM-120、"响尾蛇"AIM-9L，苏联的AA-11、AA-12，法国的"魔术"2、"米卡"，美、英、联邦德国等国家合作研制的AIM-132等。1981年以来，美国和利比亚、叙利亚和以色列、英国和阿根廷等在空战中，都使用了近距离格斗导弹，取得了明显的效果，大大提高了空空导弹在空战中的地位。

未来的雷达制导空空导弹，除了主动雷达性能的改进外，使用多模式制导、提升抗干扰能力、改进导弹发动机以减小可逃逸区、提升导弹最大过载等，将是未来发展的主要方向。

🌐 慧眼鉴兵：空战尖兵

空空导弹与地地导弹、地空导弹相比，具有反应快、机动性能好、尺寸小、重量轻、使用灵活方便等特点。与航空机关炮相较，具有射程远、命中精度高、威力大的优点。它与机载火控系统、发射装置和检查测量设备构成空空导弹武器系统。

空空导弹分为近距格斗导弹、中距拦射导弹和远距拦射导弹。近距格斗导弹多采用红外寻的制导，射程一般为几百米至20千米，最大过载30克~40克，主要用于近距格斗，具有较高的机动能力。中距拦射导弹多采用半主动雷达寻的制导，也有采取主动雷达末制导的（如AIM-120、R-77等），具有全天候、全方向作战能力。射程一般为数十千米到上百千米。远距拦射导弹射程可达到上百千米甚至数百千米。

空空导弹主要由制导装置、战斗部、动力装置和弹翼等部分组成。制导装置用以控制导弹跟踪目标，常用的有红外寻的、雷达寻的和复合制导等类型。战斗部用来直接毁伤目标，多数装高能常规炸药，也有的用核装置。其引信多为红外、无线电和激光等类型的近

★陈列中的AIM-120中距空空导弹

炸引信，多数导弹同时还装有触发引信。动力装置用来产生推力，推动导弹飞行，空空导弹多采用固体火箭发动机。目前和未来的一些新型空空导弹（如"流星"）采用冲压喷气发动机，具有更好的机动性。弹翼用以产生升力，并保证导弹飞行的稳定。

由于空空导弹是从飞行器上发射攻击空中目标的导弹。故有"战机伴侣"的美称。是歼击机的主要武器之一，也用做歼击轰炸机、强击机、直升机的空战武器。此外从理论上讲它也可以作为加油机、预警机等军用飞机的自卫武器。空空导弹由制导装置、战斗部、引信、动力装置、弹体与弹翼等组成。它与机载火力控制、发射装置和测试设备等构成空空导弹武器系统。在现代战争制空权争夺白热化的今天，空空导弹必将发挥不可忽视的作用。

空空导弹的王者
——AIM-9"响尾蛇"导弹

◎ 第一种红外制导的空对空导弹

AIM-9"响尾蛇"空空导弹是世界上第一种红外制导空对空导弹。红外装置可以引导导弹追踪热的目标，如同响尾蛇能感知附近动物的体温而准确捕获猎物一样。

二战结束后，美苏的军事对抗促使两国开始研制各种先进的武器。美国充分利用从德国获取的火箭技术，开发新型武器装备。其中包括射程数百千米的导弹。1949年，美国福特航宇通讯公司和雷锡恩公司开始研制近距空对空导弹。最初空战导弹的雏形是把战机里面掏空，安上高爆弹药，再装上无线电等飞行控制系统，完成几百千米以外的攻击。后来红外空战导弹的研制开始提上日程。几年后，空战导弹初步成型，弹长近3米，直径120余毫米，弹体由铝管制成。弹头前端玻璃罩内是寻的系统，由一组硫化铅热感电池及聚焦光

★AIM-9X"响尾蛇"空空导弹的弹身

学部件构成。寻的段后面，是4片三角翼，可调控方向。导弹中段是爆炸段，由高爆炸药及引信组成。导弹后段，是火箭发动机，外加4片尾翼。

1953年，AIM-9试射成功。1955年开始装备美国空军，并将其命名为"响尾蛇"。1962年，为了统一名称，美军给了"响尾蛇"空战导弹一个正式的编号：AIM-9，基本型号是AIM-9B，相继有AIM-9C、9D、9G、9H、9E、9J、9N、9P、9L、9M等10多种改进型，总共生产10万多枚。

时至今日，"响尾蛇"成为世界上产量最大的红外制导空对空导弹，也是实战中被广泛使用的少数导弹之一，参加过越南战争、马岛冲突和海湾战争。各型"响尾蛇"导弹（除C型为半主动雷达制导外）都采用红外制导，发射后导弹控制舱前面的导引探测目标发出的红外辐射，使导弹自动跟踪目标飞行，直至击中目标，可发射后不管。

🚫 性能超前：响尾蛇也有弱点

★AIM-9M"响尾蛇"空空导弹性能参数★

弹长：2.94米	**杀伤半径**：6千米~8千米
弹径：0.156米	**射程**：15千米
弹重：85千克	**作战反应时间**：6~10秒
最大飞行速度：2.2马赫	**火力转移时间**：4秒
战斗部重：13.9千克	**命中率**：50%~70%

★等待装载的AIM-9M"响尾蛇"空空导弹

AIM-9M是"响尾蛇"空对空导弹系列的第二代产品。

AIM-9M采用鸭式气动布局，舵面与弹翼前后呈X-X形配置；全弹由制导控制舱、引信与战斗部、动力装置、弹翼和舵面所组成。各型号的"响尾蛇"导弹，它们的气动布局和结构组成均无改变，主要是结构尺寸稍有变化以及元器件性能的改进。AIM-9导弹各型号均采用普通装药的破片杀伤战斗部，用来摧毁目标。该型导弹采用红外寻的制导，探测距离和灵敏度有很大提高，选用镭射引信，提高了炸点精确度，既具有近距离格斗的能力，又能全方向、全高度、全天候作战，被多国部队大量装备。

"响尾蛇"虽然凭借着自身的优势，在空对空导弹中占据重要地位，但是，"响尾蛇"也由其自身的弱点。在空战中，战机倘若不能全方位地对目标进行攻击，那么它的尾后便会受到威胁。在全方位攻击方面，俄罗斯的AA-11"箭手"近程空对空导弹因具有"后射"能力而领先于"响尾蛇"。为了保住空战优势，美空军决定开发具有偏离轴线性能的格斗导弹，改进"响尾蛇"。

◎ 继续改进：第四代响尾蛇出动

空对空导弹已经走过了半个世纪的时间，在人类的战争史上具有不可替代的地位，"响尾蛇"作为空对空导弹的典型代表已经迎来了第四代。

第四代"响尾蛇"AIM-9X在新世纪之初问世。

AIM-9X采用先进的自动驾驶仪飞行控制系统，具有很高的机动控制能力。AIM-9X采用的新一代红外线导引头，具有在晴空下更高的目标辨识能力，能清楚分辨是人工热源还是自然热源。AIM-9X在飞向目标过程中还具有抗干扰能力。它已具有很好的偏离轴线射击能力，就是说不单会直线攻击，还能选择不同角度甚至向后方攻击。因此，飞行员能选择更佳的机会攻击目标。以前各个型号的"响尾蛇"只能在20度角的范围内寻找目标，而AIM-9X可以在90度角的范围内寻找目标，能防御敌机从尾后偷袭。

美军方称，美军现役的F-15C、F-16C、F/A-22和F/A-18C/D/E/F系列战机都要装设LAU-12X或LAU-7发射架。飞行员配发与AIM-9X"响尾蛇"导弹配套的头盔，以具备发射AIM-9X"响尾蛇"导弹的能力。

具有这种能力可使飞行员获得空战优势，也使飞行员的战斗能力有"质的飞跃"。AIM-9X是目前美军拥有的唯一一种可与俄罗斯AA-11"箭手"相较量的近程格斗的空对空导弹。它完成了靶机测试之后开始批量生产并服役，已经装备驻阿拉斯加埃尔门多基地的美空军第八航空队、第十二和第十九战斗机中队。美空军计划采购5100枚AIM-9X，美海军计划采购5000枚AIM-9X。

几十年来，颇有威力的"响尾蛇"导弹经历了许多战争和冲突，身影也遍及世界许多国家和地区，可谓大名鼎鼎。

1981年8月，美国海军的两架F-14"雄猫"战斗机曾在1分钟内击落利比亚的两架苏-22式攻击机，使用的就是"超级响尾蛇"导弹。1982年马岛战争中，英军10架"海鹞"式战斗机发射27枚"超级响尾蛇"导弹，击落了24架阿根廷飞机。西方传媒称它是"具有划时代意义的空中杀手"。

"响尾蛇"系列空对空导弹主要装备美国空军和海军，用于截击或空战；还向英国、法国、德国、意大利、加拿大、荷兰、西班牙、瑞典、挪威、澳大利亚、日本、菲律宾等20多个国家和地区出口销售。"响尾蛇"系列的各型号空对空导弹，先后装备于F-86、F-100、F-104、F-105、F-111、F-4、F-5、F-8、F-14、F-15、F-16、F-18，"幻影"F-1、Saab35、Saab37，"狂风"等战斗机；A-4、A-6、A-7、A-10，"美洲虎"、"鹞"、"海鹞"等攻击机。这些飞机有的还参加了世界各地的多次实战行动，使用了多种型号的"响尾蛇"导弹。

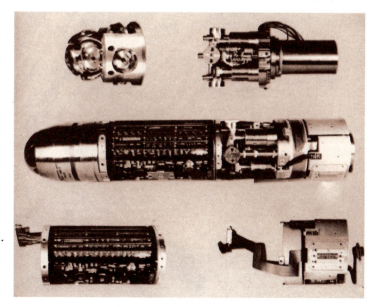

★AIM-9M"响尾蛇"空空导弹的分解结构

AIM-120
——美国AMRAAM中距空空导弹

🚫 越战后的沉思：AMRAAM空空导弹出世

AIM-120中距空空导弹是美国休斯公司和雷锡恩公司联合研制的新一代中距空空导弹，有"先进中距空空导弹"（AMRAAM）之美称，音译为"阿姆拉姆"。

越南空战的实践表明，美军的空战系统，包括战斗机、导弹、预警机、电子对抗机和空中加油系统的彼此配合问题多多，在对付灵活机动的苏式战机时显得力不从心。

为了扭转这种局面，1974年～1978年，美国国防部牵头组织了一场针对空战战术和空空导弹技术的广泛评估项目。具体是在美国内华达州内利斯空军基地，分别使用海军的F-14"雄猫"和空军的F-15"鹰"重型战斗机搭载"麻雀"和"响尾蛇"导弹扮演"蓝军"来对抗装备了F-5E"虎"战斗机，搭载AIM-9L导弹，模拟苏军的"红军"分队。整个JT&E（联合测试和评估）项目包括两部分：对空战战术进行评估和对空战中中距拦射导弹作用进行评估。经过深入研究，人们发现在对付"蓝军"而言最不利的情况就是让对

★等待发射的AMRAAM中距空空导弹

方接近自己然后发射短距空空导弹，进入混战状态，因此要避免这种情况出现，中距制导空空导弹的作用不可忽视。但是现役的"麻雀"和"不死鸟"的性能都差强人意，美军必须研制一种新型中距雷达制导空空导弹：采用类似于"不死鸟"的制导方式，体积则与"麻雀"大体相当。

后来几经周折，美国与欧共体签署了联合研制备忘录（MOA）：规定美国负责研制先进中距空空导弹（AMRAAM），欧洲（主

★运载车辆上的AMRAAM空空导弹

要是英国和德国）负责研制先进近距空空导弹（ASRAAM）。AMRAAM导弹研制之前首先要确定需求，也正是在这时候研制各方都对AMRAAM导弹的体积提出了很高的要求：空军希望AMRAAM导弹除了具备"发射后不管"的能力之外，还要能挂载在体积小巧的F-16战斗机上。欧洲方面更是希望AMRAAM导弹的体积能小到足以挂载在"海鹞"垂直起降飞机上。而美国海军更绝：希望能由F/A-18战斗机搭载AMRAAM导弹，并且要求在只能挂载一枚"麻雀"的挂架上挂载两枚AMRAAM，留下更多挂架来搭载空地武器！此外，AMRAAM还是F-22"猛禽"战斗机的主战武器，为了满足隐身要求，F-22战斗机不能在机体外挂载武器，所有武器必须"埋藏"在机体内部，因此AMRAAM必须满足F-22狭小的弹仓要求。除去对体积的要求之外，海军还要求AMRAAM导弹必须具备与"不死鸟"大体相当的性能，来取代后者退役后留下的空白。

AIM-120（ASRAAM）是美国研制的第一款主动雷达制导视距外空对空导弹，十几年来衍生了A、B、C、D四种型号，是世界多国空军争相采购的武器。

⊘ 锁定敌机，"发射后不管"

与以往的中距空空导弹相比，AIM-120"阿姆拉姆"具备自己独特的优势。首先是发射方式的不同，AIM-120采用弹射发射和导轨发射两种发射方式，在第一种情况下，导弹

★AIM-120空空导弹性能参数★

弹长：3.65米	战斗部重：23千克
弹径：178毫米	速度：4马赫
弹重：152千克	射程：0.8千米~80千米

向下或向外弹射，然后发动机点火；在第二种情况下，导弹靠本身的发动机推力离轨。两种方式并用大大提高了AIM-120的作战机动性，不仅可挂在前一代"麻雀"导弹所用的悬挂点上，而且还可以挂在F-16机翼尖端处"响尾蛇"导弹的导轨上。

其次，以往的中程空空导弹在经过长时间飞行后，往往因为缺乏足够的燃料和动能而丢失目标。而AIM-120采用"末段重力协助式打击"方式，沿一条高抛弹道打击目标。AIM-120导弹脱离载机后先向上飞占据比目标飞机位置更高的空间，进而可以从上至下俯视目标，在最后打击阶段再降低高度，借助重力加速击中目标。AIM-120的高抛弹道打击方式能够蓄积足够的势能，进而获得比以往导弹更大的射程。

◎ 实战打磨：AIM-120成长之路

AIM-120是美国研制的一种"发射后不管"的先进中距空对空导弹，它首次使用便取得战果，揭开了世界空战史上新的一页。在此之前的超视距空战，由于大多采用半主动雷达制导的导弹，发射导弹后，载机必须保持对目标的跟踪和照射，直至击中目标。在这段时间里，载机须基本上不能有大动作，这对载机和飞行员的安全是极大的威胁，因为被敌方击中的机会很大。

★机翼下挂载的AMRAAM空空导弹

★具备独特发射方式的AIM-120空空导弹

　　1991年9月，AIM-120A就已经开始装备美国空军的F-15重型战斗机。1992年2月，又装备在F-16战斗机上。美国海军的F/A-18大黄蜂则在1993年10月首次换装这种先进的空对空导弹。1992年12月，AIM-120取得了服役以来的首次战果，击落了伊拉克空军的一架"米格"-25战斗机。此后，又相继在伊拉克和南斯拉夫战争中取得多次战果。目前，美国正在生产的AMRAAM型号已经由AIM-120B演进到了AIM-120C。AIM-120C采用了更加紧凑的外形设计，缩短了弹翼的长度，使得其能装载在F/A-22和F-35战斗机的内置式弹舱内。

　　AMRAAM已经被销售到澳大利亚、巴林、比利时、丹麦、芬兰、德国、瑞典、以色列、意大利、日本、韩国、荷兰、挪威、西班牙、希腊、瑞士、泰国、土耳其、英国和台湾地区。已经明确要采购的还有埃及、波兰、沙特阿拉伯、新加坡和阿联酋。

　　该导弹的生产商雷锡恩公司目前正在不断地升级AIM-120的硬件和软件系统，使得整个导弹的发展处于开放式的螺旋上升阶段中。目前处于生产线上的AMRAAM导弹的型号是AIM-120C-5，这种在AIM-120C基础上衍生出来的导弹具有前者所不具有的大离轴角发射能力（英文缩写为HOBS）。HOBS技术使得导弹能够突破导引头万向节的方向调节限制，以更大的离轴角飞向目标。紧随其后于2004年下半年走上生产线的另外一种改型是AIM-120C-7，由于采用了紧凑化的制导系统，制导舱段的长度缩短了15厘米，导弹得以换装一台长度更长、推力更大的火箭发动机，大大提高了飞行机动性和有效射程。

更新的AIM-120C-8于2005年初从幕后走向前台。这项由美国海军主导，旨在提升AIM-120压制远距离空中目标能力的升级计划将为AMRAAM家族增添第四个成员——AIM-120D。AIM-120D将安装一条双向数据链路，使得其更好地与AESA雷达进行通信。此外，导弹的射程也将比AIM-120C更大。根据预定的计划，AIM-120D在2006年开始小批量生产，2008年装备美国海军航空部队。自出产以来，击落米格机60余架。

装备最多的中距空空导弹
——AIM-7"麻雀"导弹

⊘ "麻雀"导弹：麻雀虽小，五脏俱全

1950年，美国道格拉斯公司决定研发带有主动雷达导引头的"麻雀"导弹，最初被命名为XAAM-N-2A"麻雀II"导弹，而最初的"麻雀"导弹则被命名为"麻雀I"型导弹。1952年"麻雀II"又有了新的编号——AAM-N-3。带有主动雷达导引头的"麻雀II"是一种"发射后不管"的武器——允许载机同时发射多枚导弹攻击多个目标。

1955年，道格拉斯公司向美国军方提议继续研发改进"麻雀"导弹，让它成为新型F5D"天光"拦截机的主战兵器，而且后来加拿大自研的"AvroArrow"超音速拦截机也选用了"麻雀"作为自己的主战兵器。由于加拿大成为使用"麻雀"导弹的第一个外国用户，加拿大获得许可在魁北克建立一条独立的导弹生产线。

但是，由于当时电子技术很不发达，导弹弹体的小尺寸和K波段AN/APQ-64雷达系统的天线成为一对儿难以调和的矛盾，由此导弹的性能受到很大影响，迟迟不能通过测试。经过长时间研发和美国、加拿大各自的发射试验，道格拉斯公司最后还是于1956年放弃了研发。加拿大则坚持研发，直到1958年"AvroArrow"截击机项目下马。

同时"麻雀I"型导弹曾经发展出一个子型号——该导弹配备了一个核弹头，当量尺寸大小与1958年研发的MB-1"精灵"核弹头相当，但是很快就被取消了。

事实证明，"麻雀I"和"麻雀II"导弹的研发历程和使用情况都差强人意，根本原因还是导弹的应用需求和选择的制导体制之间存在矛盾："麻雀"导弹研制的初衷是在中远距离拦截对方高速的空中目标，然而"麻雀I"选用的红外制导方式只适合拦截近距离空中目标；"麻雀II"选用的雷达主动制导方式虽然性能很好，可是尺寸太大，没办法装进"麻雀"弹体中。现实需要一种新的导弹制导体制：既能满足性能要求，又要结构简单紧凑。终于在1951年，雷声公司决定研制雷达半主动制导的"麻雀"导弹——AAM-N-6"麻雀III"导弹。1958年第一批"麻雀III"进入美国海军服役。

1963年，美国海军和空军经过沟通同意制定统一的导弹编号命名规则来改变目前导弹命名混乱的情况。于是麻雀系列被重新赋予编号为AIM-7，该编号一直沿用至今。其中最初的"麻雀I"被命名为AIM-7A导弹，"麻雀II"被命名为AIM-7B导弹，尽管此时上述两种导弹早已退役。而后续的三种新型导弹则分别被命名为AIM-7C、AIM-7D和AIM-7E导弹。

🚫 低空性能好：但稍显笨重

★AIM-7C"麻雀III"空空导弹性能参数★

弹长：3.66米	**最大射程**：13千米
弹径：2.032米	**速度**：2.5~3马赫
翼展：1.020米	**攻击方式**：拦射、尾追
弹重：173千克	**使用条件**：全天候
制导方式：半主动连续波雷达制导	
动力装置：固体火箭发动机	

由于20世纪50年代轰炸机的速度大大提高，并装备有大量的电子干扰设备，自卫能力增强，同时还要面临新出现的战斗机，美军迫切需要远距离攻击空空导弹，雷锡恩公司于1951年提出"麻雀III"方案。经过和斯伯力和道格拉斯的竞争，最终与海军签订合同成

★等待安装的AIM-7C"麻雀III"空空导弹

为主承包商。当时代号AAM-N-6，1958年8月装备部队，该导弹共生产2000枚，1959年停产，1962年被命名为AIM-7C。

麻雀III（AIM-7C）导弹的外形与麻雀I（AIM-7A）相似，头部呈尖卵形，旋转弹翼呈直角梯形。制导采用比例引导法。该弹低空性能较好，但是由于当时技术限制电子部件多选用电子管显得比较笨重。

后来的衍生型——"麻雀IIIA"导弹和"麻雀III"导弹结构性能基本相当，最重大的差别是前者采用了新型聚硫橡胶固态燃料火箭发动机，导弹的飞行性能有了明显提高。此外导弹的导引系统也作了改进，使得其在高速飞行情况下也能有效跟踪目标。值得一提的是，1962年美国海军终于作出决定：使用"麻雀IIIA"导弹装备新型的F-110A战斗机（就是后来著名的F-4"鬼怪"战斗机），当时军方给的编号是AIM-101。"麻雀IIIA"导弹于1959年服役，总共生产了7500枚。

◎ 与时俱进：在改进中成长的"麻雀"

"麻雀IIIA" AIM-7D为AIM-7C的改进型，可以超音速发射的半主动连续波制导空空导弹，早期代号为AAM-N-6A，1961年装备部队，1964年停产退役只作为训练弹使用。该导弹1962年被命名为AIM-7D，共生产7500枚。导弹的外形与AIM-7C相似，头部呈双曲线外形，尾段呈接锥形。弹翼的平面形状为后掠梯形，安定面为后掠三角形，翼形均为菱形。全弹分为五部分：引导头舱、控制舱、舵机舱、战斗部、引信和保险装置、发动机舱，各舱独立。战斗部采用预制破片式，重约30千克，呈圆柱形。

★刚刚发射的AIM-7C"麻雀III"空空导弹

AIM-7D的优点是可以拦射，并具备抗干扰能力，根据做战环境可自动或半自动切换工作方式。缺点是体积大、笨重、所需设备复杂。"麻雀IIIB" AIM-7E为AIM-7D的改进型，加大了射程，具备迎头攻击能力，早期代号为AAM-N-6B，该导弹由雷锡恩公司根据美海军要求重新设计，1961年1月投产，1962年被命名AIM-7E，1964年装备部队，在越战中代替了麻雀IIIA，该弹1972年停产，共生产了2000枚。

"麻雀IIIB"导弹的布局和结构

★陈列中的AIM-7C"麻雀III"空空导弹

与"麻雀I"相似。战斗部采用高能炸药连续杆式，内置216根钢条，重约29.5千克，呈圆柱形。

AIM-7E的优点是射程大，可进行远距离攻击。缺点是低空性能差，最小发射距离太大，不适合格斗作战，故障率间隔时间短等，其改进型为AIM-7E2，1965年将该导弹改为RIM-7H舰载"海麻雀"。

AIM-7E型导弹在越战中被广泛使用，然而最初其战场表现总的说令人失望。其中原因很多：导弹的零部件在热带环境下受到很大影响，导致导弹可靠性受到影响；战斗机飞行员使用超视距导弹的训练不足，导致空战中运用技术不熟练；空战中导弹使用受到很多条令限制，例如必须要视线内确认攻击目标为敌机后才能发射导弹，这实际上等同于禁止超视距空战了。不过整个越战中虽然AIM-7E导弹的命中率低于10%，但是还是击落了55架敌机。

1969年，AIM-7E-2导弹开始服役，为了能在近距离空中格斗中派上用场，导弹的前翼采用双三角翼，此外导弹的引信也作了很多改进，因此导弹被戏称为"狗斗麻雀"。通过上述改进，AIM-7E-2型导弹增强了近距离作战能力，使得导弹在视线距离内仍能跟踪高速空中目标，并且保留了迎头攻击能力，这些在近距离空中格斗中有很大用场。然而即使如此，在1972年的"后卫"战役中，导弹的命中率也仅仅提高了3个百分点——达到13%。为了提高命中率，有的飞行员在攻击一个目标的时候不得不一口气把所有四枚导弹都打出去，期望能"瞎猫碰上死耗子"。此外导弹的可靠性也很成问题：最严重的问题是导弹存在提前爆炸的现象，有时刚刚从载机飞出去1000英尺就会爆炸；很多飞行员们反映导弹的发动机也存在很多莫名其妙的故障：有的导弹打出去会飞出莫名其妙的轨迹；最后导弹的引信也存在问题。后续的E-3导弹则继续对引信系统作了改进，E-4导弹则对导引头作了修改，后者后来被装备到F-14战斗机上。

20世纪70年代，伴随着"麻雀"导弹在越战中使用经验的累积还有电子技术的进步，新一代AIM-7型导弹的研发开始了。新一代"麻雀"导弹尝试突破以往对于雷达制导空空导弹的各种限制。其中AIM-7F型导弹于1976年开始服役，它的动力段配备了两级火箭发动机，发射距离有了很大提高；导引控制段由固态电子元器件组成，可靠性有了很大提高；此外还换装了大威力的导弹战斗部。即使作了如此多的改进，导弹还是为未来升级预留了空间。AIM-7F型导弹是"麻雀"家族中很重要的一个型号：它的出现促使英国和意大利分别在"麻雀"基础上研制出更高性能的雷达制导空空导弹——"天光"和"阿斯派德"导弹，其中"阿斯派德"导弹又和中国后来自研的几款雷达制导空空导弹有着密切的联系。

如今"麻雀"家族中使用最普遍的型号是AIM-7M导弹，该型导弹于1982年开始服役，配备了新型逆向单脉冲导引头（其性能大体和英国"天光"导弹导引头相当）、无线电近炸引信、数字控制电路，此外导弹弹体也作了流线型处理以便减少空气阻力，导弹的低空作战性能有了很大改进。该型导弹参加了1991年的海湾战争，在战争中表现优异：美军的很多击落记录都是由AIM-7M型导弹创造的，但是即使如此，它的整体命中率仍旧低于40%。

AIM-7P型导弹是在M型系列基础上进行细微改动而成的一个型号。其主要部件几乎和M型系列完全相同。最大的改动在导弹的软件部分：通过对导弹控制软件部分的改进进一步提高了导弹的性能。而后续的BlockII型导弹则真正在硬件上作了改动：增加了新型无线信号接收装置，这样使得载机能够在导弹发射后仍能对导弹进行中段连续波制导。按照先前的计划，美军希望对所有M型导弹进行升级，达到P型导弹的标准，但是目前M型导弹早已在历次战争中消耗殆尽，库存中已经所剩无几。

"麻雀"家族最后的改型是AIM-7R型导弹，希望在AIM-7PBlockII型导弹基础上增加一个红外线导引头。由于预算原因，该项目于1997年被取消。

伴随着AIM-120导弹的陆续服役，"麻雀"导弹开始退出美军的装备序列，但是还将在一些国家的空军中服役一段时间。

★安装在机翼下的AIM-7M"麻雀"中距空空导弹

⊘ 出口的"麻雀"：外国的"麻雀"导弹

意大利根据美国提供的AIM-7E型导弹的相关技术生产了本国版本的"麻雀"导弹——"阿斯派德"导弹。

英国航宇公司于20世纪70年代得到了AIM-7E2导弹的生产许可权，开始生产"天光"导弹。"天光"使用马可尼公司生产的XJ521型单脉冲半主动雷达系统作为自己的导引头，其动力系统最初是AeroJet公司的Mk52mod2火箭发动机，后期换成Rocketdyne的Mk38mod4型。"天光"于1976年开始进入皇家空军服役，配备给"鬼怪"FG.1/FGR.2战斗机以及后来的"风暴"F3战斗机。此外"天光"还被出口到瑞典，装备该国的战斗机。

值得一提的是后来BAE和汤姆森公司曾经尝试研发一款主动雷达制导版"天光"，可惜没有收到皇家空军的资助，因为后者决定采用其他型号的导弹。

"麻雀"不但在西方盟国被广泛使用，对中国空空导弹的发展也产生了很大影响。中国研发的一系列空空/地空导弹如LY-60、FD-60和PL-10导弹都或多或少采用了"麻雀"和"阿斯派德"导弹的技术。

三角旗出品
——AA-11"射手"空空导弹

⊘ 三角旗出品：必属精品

AA-11"射手"空空导弹是苏联/俄罗斯自行研制并装备前线战术空军歼击机的第四代近距空空导弹，是苏联两个主要从事空空导弹设计的集团——"闪电"和"三角旗"机械制造设计局之间进行竞争的产物。前者取胜，推出的是首次采用气动与推矢控制方案的机动性极好的全向攻击空空导弹，代号为P-73（R-73）；后者失败，推出的是美国AIM-9L"响尾蛇"空空导弹的翻版，这种导弹机动性差且无发展潜力，代号为P-14。P-73由"闪电"设计局于1976年开始研制。

但在1981年12月的国防机构改组中，由于"闪电"设计局的主要任务已从1976年转向航天领域，正在研制"暴风雪"航天飞机。因此，一大批"闪电"设计局的机载导弹设计师，连同P-73空空导弹研制项目，均转入"三角旗"设计局，使之成为苏联唯一的空空导弹设计局，并继续研制P-73空空导弹，使之在1983年开始服役。P-73（R-73）是导弹本

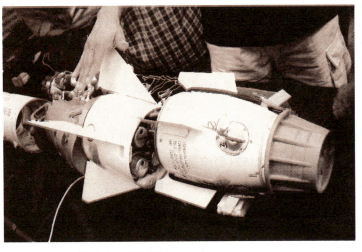

★AA-11"射手"空空导弹的分解结构

身的编号，导弹系统的编号是R73（Izd.73）。西方和北约集团按照自行确定的对苏联武器装备的命名规则，给予该系列空空导弹的编号和命名为AA-11"射手"。

苏联AA-11空空导弹是世界上最先进的近距格斗空空导弹。其战术技术性能比美国现役第三代近距格斗空空导弹"响尾蛇"的最新型号AIM-9M领先10年；而北约组织早在20世纪70年代初期开始发展的第四代空空导弹——AIM-132近距空空导弹几经周折，进展迟缓，至今仍在由英国独家研制之中。因此，西方国家现在没有能与P-73相抗衡的近距格斗空空导弹。

◎ 红外制导：具有同步跟踪功能

★AA-11"射手"空空导弹性能参数★

弹长：2.9米	最大速度：3.7马赫
弹径：0.170米	最大过载：50G
翼展：0.51米	制导系统：被动红外
弹重：105千克	引信：主动雷达
最大射程：30千米	战斗部重：8千克
最小射程：300米	动力装置：固体火箭发动机

AA-11空空导弹是20世纪90年代世界上性能最好的格斗型红外制导空对空导弹之一。它采用了舵面位于弹翼前的"鸭"式气动布局，弹翼上采用了稳定副翼，弹翼前采用了前升力小翼，弹翼和舵面位置呈X形，并对称。

AA-11空空导弹带有深致冷光电探测器的红外寻的制导系统，这种系统大大提高了搜寻的灵敏度，并保证了导弹的全方位攻击能力。目前，俄罗斯国土防空兵的米格-29和苏-27战斗机都装备有这种导弹。其最大的特点是在飞机机头偏离目标达55度的条件下仍可发射导弹；另一特点是能与头盔瞄准具连接，飞行员"看准"哪一个目标，导弹即同步跟踪，提高了作战效能。

⊘ 第四代导弹：AA-11（R-73）实战效果最好

AA-11（R-73）空空导弹是高技术的集合体，在苏联空空导弹中是实战效果最好、命中率最高、最可靠的导弹。在非洲之角的战争中对战双方都利用R-73获得战绩，R-73由于技术合理、性能优异，也广泛搭配苏式战斗机出口。随着时间的推移，1983年就投入现役的导弹业发展出了一系列新的改型，比较重要的有早期出口型R-73E，其简化了部分抗干扰电路，随后出现R-73RDM这个型号是现代化改进的出口型号，目前大量销售的就是这种型号，其改进了电子线路和数字处理能力，离轴角增加到60度，而动力装置也更换为推力更大的发动机，外部尺度没有变化，只是重量增加了5千克。

俄罗斯空军自用的改进型号则称为R-73M，20世纪90年代还有R-73M1和R-73M2两种改型，前者进一步增强了离轴发射角，达到80度，而后者则是采用了新的火箭发动机，长度增加了200毫米，主要为了试验后射和越肩的需要。由于俄罗斯战斗机在20世纪90年代以后销售状况较好，这种导弹将会在世界范围内服役到2020年以后。

常规的点源目标红外位标器的发展到20世纪80年代基本已经达到巅峰，十字四元偏心扫描的红外导引头是目前抗干扰能力最强、探测能力最强的导引头，有很多第三代红外导弹都使用这样的器件，针对点源跟踪的红外对抗系统也变得多起来了，激光调制红外频闪灯，红外诱饵弹对点源模式的干扰效果相当不错，这使得当前的空空导弹面对层出不穷的干扰设备没有合适的对抗手段，作战效能在不断削减。为了更好地抗干扰和增强探测能力，红外热成像是一个第四代导弹共同的选择，成像体制一下就让所有的点源干扰设备完全失效，而且红外能量大部分被积累用于辨析目标而不像点源跟踪式的过滤掉了，因此探测距离也大大增强。此外毫米波主动导引头也是一种很理想的近距空空导弹装备，它同样具有高抗干扰性、精度高、分辨率好、视角大的优点，同时对付隐身目标效果更为优越，R-73正在尝试装备。

★等待装载的AA-11"射手"空空导弹

10 空地导弹

天雷生地火

沙场点兵：来自上面的敌人

　　空地导弹是从飞行器上发射攻击地（水）面目标的导弹，它是航空兵进行空中突击的主要武器，它与飞行器上的探测跟踪、制导、发射系统，以及保障设备等构成空地导弹武器系统。

　　空地导弹由弹体、战斗部、动力装置、制导装置等组成。弹体的气动外形多为正常式。动力装置可采用固体火箭发动机、涡轮喷气发动机或涡轮风扇喷气发动机等；其制导方式有自主式制导、遥控制导、寻的制导和复合制导。

　　按其作战使用分，空地导弹可分为战略空地导弹和战术空地导弹；按专门用途分，可分为空地反舰导弹、空地反雷达导弹、空地反坦克导弹、空地反潜导弹以及空地多用途导弹等。此外，还可按射程、飞行轨迹等分类。

　　战略空地导弹多采用自主式或复合式制导，最大射程可达2000多千米，弹重在10吨以内，速度可达3马赫以上，通常采用核战斗部。空地导弹的发展趋势主要是增大射程和速度，提高抗干扰、突防和攻击多目标的能力。

　　空地导弹最初是由航空火箭与航空制导炸弹相结合而诞生的。德国首先研制出世界第一枚空地导弹，它的主要设计者是赫伯特·瓦格纳博士。1940年7月，瓦格纳等人在SC-500型普通炸弹的基础上，研制了装有弹翼、尾翼、指令传输线和制导装置的HS-

★二战期间的德国HS-293A-1型导弹

283A-0，它可看做是最早的空地导弹，于1940年12月7日发射试验成功。1943年7月无线电遥控的HS-293A-1型导弹研制成功。8月27日，德国飞机发射HS-293A-1击沉了美国"白鹭"号护卫舰，这是世界上首次用导弹击沉敌舰。

🌐 兵器传奇：大话空地导弹

由于空地导弹的射程一般都在几十千米以上，因此，从20世纪50年代开始空地导弹制导系统就采用复合制导，如当时苏联的AS-1空地导弹，飞行初段采用程序控制，中段采用无线电波束制导，末段采用半主动寻的制导。

20世纪60年代，美国的"百舌鸟"导弹是世界第一种反雷达导弹，它于1963年研制成功。此后，苏、美、英、法等国也研制成功反雷达导弹。在越南战争、中东战争和海湾战争中，反雷达导弹都取得了出色的战果。

20世纪70年代，美国"小牛"（MaverIck）空地导弹，采用几种类型的导引头，白天作战采用电视制导，夜间作战采用激光制导和红外成像制导。

20世纪70年代后期，法国的"飞鱼"（Exocet）空舰导弹，飞行初段采用无线电高度表控制飞行高度，末段采用无线电主动寻的制导，能在距海面2米～5米高度飞行，并攻击军舰。法国的AS30L空地导弹的制导形式是复合制导（半自主激光寻的制导），射程10千米，速度为1.4马赫，战斗部重约240千克，可在穿透2米厚的钢筋水泥后爆炸。AS30L空地导弹的战绩颇佳，成功率高达95%。飞行员首先通过激光电视系统搜索目标，识别出目标

★机翼下的AS30L多用途空地导弹

之后，飞行员可以选择点式自动跟踪方式，它能够保证无论飞机怎样运动，电视摄像机与激光照射器的公共光轴总是对准目标；同时激光测距仪在不断测量飞机与目标之间的距离，当这个距离在导弹射程之内时，它会提醒飞行员发射导弹。脱离飞机后的导弹最初将按照发出时给出的目标指示自主制导飞行，随后在设定的时间内启动向目标照射激光的照射器，当目标反射回来的信号能够被导引头接收时，不断缩小目标差的负反馈系统就能够调整导弹飞行姿态击中目标。

20世纪80年代至今，已有十余种战术空地导弹分别在越南战争、第四次中东战争、两伊战争以及海湾战争中多次使用，战果显著。实践证明，空地导弹与其他攻击武器配合使用，能提高突击效果。空地导弹将主要朝着增大射程和速度、进一步提高抗干扰、全天候突防和攻击多目标的能力以及一弹多用的方向发展。

⊙ 慧眼鉴兵：大陆威胁者

1981年9月15日，世界上第一批空射战略型巡航导弹正式装备美国空军使用，该导弹编号为AGM-86B，发射重量1450千克，射程2500千米，飞行速度885千米/小时，核弹头当量达20万吨TNT，它主要由B-52轰炸机携载，每机装12枚。这种导弹射程远，采用惯导加地形匹配制导，命中精度较高。除空射巡航导弹外，一般的战略型空地导弹作战效能也相当高，而且大都能携核弹头，用于攻击较大型地面战略目标。这类导弹的发射重量一般为4000千克左右，最重的可达9500千克（前苏联AS-3）；飞行速度一般为2马赫左右，最远可达960千米（美国AGM-28B）。

★美国AGM-158空地导弹

★美国"战斧"BGM-109空地导弹

　　战术型空地导弹是种类最多、装备数量最大、在实战中应用最广的一种导弹。这类导弹主要指对地攻击型导弹，但也包括战术巡航导弹、反辐射导弹和反坦克导弹等。战术空地导弹的重量一般在200千克~800千克之间，个别的达966千克（美国AGM-53A），最重的则达4077千克（前苏联AS-5）；射程一般为数十千米，最远可达160千米~320千米（前苏联AS-5）；飞行马赫数一般为1左右，最高可达3马赫数（美国AGM-88A）。空地反坦克导弹有十多个型号，大都是地面反坦克导弹的改进型，这类导弹一般由武装直升机携载，有时也由反坦克飞机携载（如美国的A-10）。反坦克导弹一般射程为3千米~4千米，最大破甲厚度为400毫米~600毫米。空射战术型巡航导弹也是对地攻击的有效武器，像美国的"战斧"BGM-109H射程可达450千米，A-6、F/A-18、F-16、F-111等飞机均可携载，一架B-52飞机可携20多枚。

　　在1991年1月17日至2月28日爆发的海湾战争中，美军及多国部队首次使用了"斯拉姆"、"幼畜"（又译"小牛"）、"跳跃者"和AS-30等空地导弹，其中，第一次用于实战、性能又最为先进的是美国海军研制的、用于装备舰载攻击机进行对陆攻击任务的"斯拉姆"。"斯拉姆"是一种机载远程对地攻击导弹，由"鱼叉"导弹改进而成，同时吸取了"幼畜"导弹在红外成像寻的和"白星眼"导弹在数据链方面的先进技术，并加装了GPS卫星导航全球定位接收，用以校正导弹的惯导系统。飞行员发射导弹后，能通过电视屏幕所显示的图像修正飞行中的导弹轨迹，以确保其误差精度不大于10米。"斯拉姆"导弹射程90千米~180千米，主要由A-6、A-7攻击机和F/A-18战斗/歼击机携载。1988年美国海军订60枚，原来估计1991年8月能交付部队使用，海湾战争爆发前，美国海军才决定在战场上对其作战效能提前进行最终的鉴定试验。

1991年1月18日，即海湾战争爆发后的第二天，两架载有"斯拉姆"空地导弹的美国海军A-6E"入侵者"舰载重型攻击机和一架A-7"海盗"舰载轻型攻击机从部署在红海的"肯尼迪"号航空母舰上起飞，飞越沙特阿拉伯领空，直逼伊拉克境内。这3架飞机的主要任务是炸毁伊发电厂的主要控制设备，瘫痪其整个发电能力。A-6E舰载攻击机发现目标后，通知A-7攻击机予以协同，于是便接近目标，进入导弹射程之内后首先发射了第一枚"斯拉姆"导弹，把坚固的厂房炸开一个直径10米的大洞。两分钟后，另一架A-6E向目标发射了第二枚"斯拉姆"导弹，于是出现了奇迹：第二枚导弹居然从第一枚导弹炸开的洞口穿入厂房内部，将电站彻底摧毁。美国人给"斯拉姆"的精彩表演打了一个"A"。

"斯拉姆"空地导弹的成功使用，说明最新一代空地导弹已具备指哪儿打哪儿、攻击高精度点状硬目标的能力，这种远战兵器不仅杀伤威力极大，而且可以免于伤害非军事目标，所以特别适合"外科手术式"作战。

百步穿杨
——AGM-84E "斯拉姆" 导弹

🚫 导弹革命："斯拉姆"拥有自动目标捕获能力

"斯拉姆"增程型导弹是防区外发射对陆攻击的导弹，由经过实战检验的"斯拉姆"导弹发展而来，是一种可在全天候条件下对视距外目标进行精确打击的导弹。

"斯拉姆"增程型导弹的研制要追溯到1970年。早期"鱼叉"反舰型导弹装备美国海军舰队，因为已经认识到对陆打击的需求，遂开始在"鱼叉"基础上研制对陆攻击型号。"斯拉姆"在不到48个月的时间中被发展出来，并成功部署在F/A-18和A-6攻击机上在沙漠风暴行动期间开始测试。随后又在"斯拉姆"的基础上发展防区外攻击能力，并在射程、精确性、弹头等方面进行改进。

与海军关注沿岸地区作战能力相适应，"斯拉姆"增程型计划得到了官方大力支持。"斯拉姆"增程型是根据海军对防区外精确制导武器的需求开发的。"斯拉姆"增程型将该武器系统的生命力延续至21世纪，为其提供了对地面和海上目标更有效、更远程和更具毁伤性的能力。

★AGM-84E"斯拉姆"导弹

　　"斯拉姆"增程型导弹提高了精确性，加装了GPS（全球定位系统）辅助制导系统，改进了导弹空气动力性能，在增大射程的同时允许设定更合适的末端攻击飞行剖面。"斯拉姆"增程型是首次拥有自动目标捕获能力（ATA）的武器，这是一项革命性技术突破，极大地改进了在复杂背景条件下对目标的捕获能力，并且能更好地对抗电子和环境干扰。

🚫 "斯拉姆"导弹：是高悬在人们心中的卫星

★ "斯拉姆"增程型导弹性能参数 ★

弹长：4.49米	飞行速度：0.9马赫
弹径：0.343米	巡航高度：60米
翼展：0.914米	制导方式：惯导+GPS+红外末制导
射程：大于100千米	动力装置：涡喷发动机
战斗部重：227千克	载机：A-6EF/A-18等
发射重量：628千克	圆概率误差：10米

　　AGM-84E"斯拉姆"导弹与AGM-84"鱼叉"导弹外形相同，只是弹体略有加长。改进型的AGM-84H外观与原型导弹差别较大。

　　从外观上看，"斯拉姆"导弹弹头为尖角形，两侧为斜面状交叉于中线，前端形成垂直于弹体所在平面的尖角，即在弹头前方形成了垂直弹体的棱线。改用两组控制翼面，第一组位于弹体底端，四片，梯形，第二组弹翼改为两片，位于弹体中部，翼展较大，略后掠。

"斯拉姆"导弹的主要特点是射程远，载机生存率高。

"斯拉姆"导弹采用成熟技术，性能稳定可靠。采用"鱼叉"导弹弹体、"小牛"导弹的导引头，"白星眼"炸弹的数据链和GPS接收机组合而成。

"斯拉姆"导弹在精度方面也有良好的表现，圆概率误差不超过10米。

"斯拉姆"AGM-84H增强型防区外对地攻击导弹，采用了加长燃料筒，折叠式平面弹翼代替十字弹翼，改进战斗部壳体和装药，换装激光陀螺仪和六通道GPS接收机，使射程、穿透力增加1倍，锁定目标时间由15秒减至3秒。

越战中的雷达噩梦
——AGM-45 "百舌鸟" 导弹

⊘ "百舌鸟" 出生：第一种反辐射导弹

"百舌鸟"是美国海/空军装备20世纪60年代使用的第一代空地反辐射导弹，主要用于摧毁地空导弹阵地、高炮指挥雷达和其他雷达设施。

★机翼下的AGM-45 "百舌鸟" 反辐射空地导弹

冷战期间，美国为了对付苏联设在古巴的防空体系，分别于20世纪50年代末和60年代初开始研制"乌鸦星座"和"百舌鸟"机载反辐射导弹，因1961年发生古巴危机而撤销了前项计划，而集中力量研制"百舌鸟"导弹。

"百舌鸟"导弹由美海军武器中心在"麻雀III"空空导弹的基础上研制而成，由得克萨斯仪器公司为主承包商于1962年研制，同年6月开始试射，1963年开始投产，1964年1月完成基本型AGM-45A的研制，同年10月开始服役，1965年投入越南战场使用，随后用于中东战场，1986年美国海军用于利比亚冲突中，1981年停产，研制费9110百万美元，采购费4.635亿美元，总计5.546亿美元，制造样弹156枚，批生产总数17470枚，月生产率164枚，单价2.7万美元。

"百舌鸟"导弹在该基本型基础上不断改进发展，形成了一个完整的机载反辐射导弹系列，分为AGM-45A和AGM-45B两类型号，前者为空军型，后者为海军型，共有20多种型号，还有6种教练弹型号。

"百舌鸟"导弹的导引头的改进发展一直持续到1992年，并将继续服役到2000年，除装备美国海/空军之外，还销往英国、以色列、伊朗等国。

🚫 优点突出，缺点也很致命

★ "百舌鸟"反辐射空地导弹性能参数 ★

弹长：3.05米	**最小射程**：8千米
弹径：0.203米	**最大高度**：10000米
翼展：0.914米	**制导系统**：被动雷达
弹重：180千克~189千克	**引信**：触发或非触发引信
最大射程：45千米	**动力装置**：1台固体火箭发动机

"百舌鸟"导弹采用与"麻雀III"空空导弹相似的气动外形布局，弹体内部结构布局从前到后为：天线罩、制导舱(高频部分、低频部分和引信电子线路)、战斗部舱、控制舱和动力装置舱。控制舱前端上方有一根与载机相连的发射电缆，发射时弹体运动将固定该电缆的螺钉剪断使其与弹体分离。发动机右下方有一个安全栓，可从弹体外部对其调节使发动机处于"点火状态"或"安全状态"。制导舱(低频部分)两侧各有一个无线电引信天线。动力装置采用一台固体火箭发动机，但其型号多达10种：洛克达因公司生产的Mk39Mod0/3/4/5/6/7型、航空喷气通用公司生产的EX53和Mk53Mod0/2/3型。

"百舌鸟"导弹采用被动直检式比辐单脉冲导引头，由天线罩、控制信号形成部分、增益控制电路、目标选择电路、状态转换电路和电源等组成。早期型号的天线罩采用玻璃纤维制成，后来的型号改用氧化铝陶瓷材料。等角四臂平面螺旋天线嵌在腔体内，固定到弹体上，以波束形成网络，在空间形成上、下、左、右4个波束，彼此部分重叠，各波束中心轴线之间有20度～30度的分离角，4个波束相互正交，并与导弹的舵面成45度角，接收的目标信号经隔离器、检波器，输出视频负脉冲信号。

当目标偏离导弹轴线不同方向时，相应波束的电路各自输出大小不同的视频负脉冲，送至低频部分，经和差处理，形成直流误差信号，将此信号送至载机，引导载机瞄准目标并发射导弹，同时送至控制信号、放大变换电路，形成舵机控制信号，再送至舵机，控制相应的针阀，使舵机控制舵面运动。目标选择电路包括时间选择电路、角度选择电路和幅度选择电路，分别用来抑制反射的目标信号，控制导引头视场在跟踪状态时保持8度，在搜索状态时处于8度～70度内，抑制跟踪状态时暂时进入导引头的其他雷达的强信号。增益控制电路用来保持和信号幅度不变(接近0.8V)，并使差信号强度只与目标偏差角有关，而不受目标信号强弱的影响。状态转换电路完成搜索和跟踪状态的转换。

"百舌鸟"导弹的主要优点是结构简单、通用性强，可装备多种型号的作战飞机。其主要缺点是，受被动雷达制导体制的限制，易受干扰，命中率低，1970年仅为

★陈列中的AGM-45"百舌鸟"反辐射空地导弹

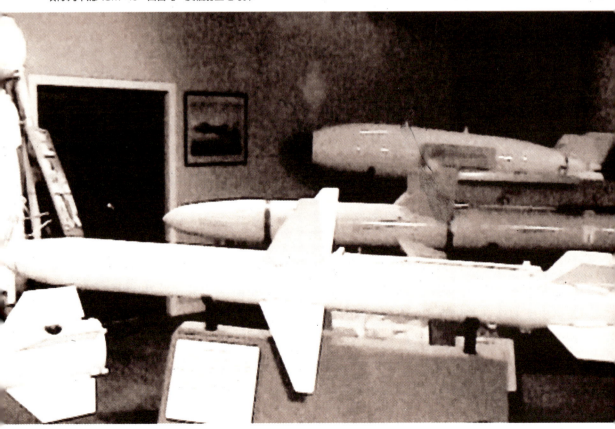

3%～6%；一旦目标雷达关机，导弹易失控；各个导弹型号的频率覆盖范围(D～J频段)很窄，只能攻击特定频段的目标雷达；战斗部威力小，有时在威力半径内也不能摧毁目标；使用前要预先侦察目标雷达的位置，易暴露作战意图；导弹射程近，易遭地面防空武器的攻击。因此，其逐渐被性能先进的机载反辐射导弹——"哈姆"AGM-88高速反辐射导弹所取代。

🚫 越南战场："百舌鸟"打"瞎"越南防空雷达

越战初期，美军飞机经常被越南苏制防空导弹击落，即使使用"鹌鹑"电子对抗诱饵导弹也无济于事。于是，美军把刚刚秘密研制成功的专门对付防空雷达的导弹"百舌鸟"投入实战，结果取得了较好的作用。它通过打"瞎"越军防空雷达，降低了防空导弹的能力，因此被称为"挖眼凶神"。

"百舌鸟"导弹的与众不同之处就是其头部装有一部被动式雷达导引头，只接收敌军防空雷达辐射的电波，而本身不发射电磁波，并根据防空雷达的方位和参数制导导弹的飞行。所以，作战时一旦机上预警系统发现敌方雷达方位，并且接近反辐射导弹射程时，就立刻发射"百舌鸟"，使之循着敌方雷达电波直奔雷达天线将其击毁。据统计，在越南战争中，使用"百舌鸟"之前，击落一架美机，越南须发射10枚导弹，而使用"百舌鸟"之后则须发射70枚导弹。

不过，"百舌鸟"也有不少弱点。例如，它的导引头只能对一种频率起作用，对付不同的雷达就要更换导引头（共13种），若目标雷达关机，导弹就会失去引导源变成"瞎子"。所以，在越南战争后期，越军抓住"百舌鸟"这些破绽，使用不同频率的雷达组成防空网，让它顾此失彼，并在导弹来袭时紧急关机，使"百舌鸟"失去目标而纷纷落荒。此后，一种能在瞬间改变工作频率的捷变频雷达也问世了，它使"百舌鸟"变成了"废物"。

中东战场上生猛的"幼畜"
——AGM-65"小牛"导弹

◎ 小牛传奇：它是一款防区外发射的导弹

AGM-65"小牛"空对地导弹是由美国休斯公司和雷锡恩公司研制的一种防区外发射的空地导弹武器，它可精确打击点状目标。该导弹有7种改型，分别为"小牛"A型～G型，其代号为AGM-65。

20世纪80年代，AGM-65"小牛"空对地导弹被装备在美国空军、海军、海军陆战队及其他北约国家的多种战机上。它要求飞行员在发射导弹前目视捕获和锁定目标。

"小牛"各型的主要区别在于导引头和战斗部不同。其中，AGM-65A/B采用电视制导；AGM-65D/F/G采用红外成像制导，可以昼夜使用；AGM-65C/E采用半主动式激光制导，它们必须利用地面通用激光设备或机载激光系统进行激光指示。AGM-65A/B配装有56.75千克的聚能装药射流与56.75千克的爆破战斗部，而AGM-65E/F/G装有136.2千克高能炸药爆破杀伤战斗部。聚能装药射流与爆破战斗部主要用于攻击装甲车辆和其他的加固目标。

◎ 命中精度高：具有"发射后不管"的能力

"小牛"空对地导弹的弹体为圆柱形，4个三角形弹翼与舵呈X型配置，动力装置为双推力单级固体火箭发动机，巡航速度略超过音速。

"小牛"空对地导弹长2.49米，由固体火箭发动机提供动力，通过长弦三角翼和尾舵进行机动。

"小牛"空对地导弹的主要优点是：通用性强。各型号采用相同的基本弹体，为设计

★ AGM-65E "小牛"空地导弹性能参数 ★

弹长：2.49米		使用高度：9150米	
弹径：0.305米		制导系统：半主动激光型	
翼展：0.72米		爆炸方式：近炸引信/触发引信	
弹重：2307千克		战斗部重：136千克	
最大射程：43.4千米		动力装置：1台液体火箭发动机	
最小射程：0.6千米		圆概率误差：3米以内	
最大速度：1.2马赫			

和使用提供了方便，而且有利于降低成本。导弹不仅可采用多种制导方式，还可以从多种飞机上发射。

"小牛"空对地导弹的命中精度高。圆概率误差在3米以内（有报道电视制导的CEP为2.4米），可攻击装甲车辆和中等加固的点目标。

"小牛"空对地导弹具有"发射后不管"的能力。载机发射导弹后可立即进行规避或攻击其他目标。

"小牛"空对地红外制导型导弹可以在不利气候条件下昼夜使用。导弹捕获、锁定目标和发射等全部程序在2～4秒内即可完成，敌方要对付它相当困难。

"小牛"空对地导弹发动机产生的烟雾很少，敌方不易发现载机。

"小牛"空对地导弹其主要缺点是：导弹射程较近，多数导弹的平均射程为5.6千米或更近些，比其最大射程小得多，载机可能受到敌方防空武器的威胁；电视制导只能在白天和天气良好的情况下使用，激光制导需要机载或地面的激光照射设备配合，而且在不利气候条件和有遮蔽物时使用受限制；在战场上飞行员的工作量较大，飞行员使用该导弹需要进行全面训练。飞行员设法发射导弹时容易成为敌军防空火力打击的目标。

★正在运载安装的AGM-65E"小牛"导弹

⃠ 广泛装备：中东战场大显神威

"小牛"空对地导弹广泛装备美国海、空军的各种作战飞机，如F-4、F-5、F-16、F-111、A-4、A-6、A-7、A-10、AV-8A、F/A-18等，以及AJ-37、"阿尔法喷气"、"狂风"等其他盟国的作战飞机，一般可携带6枚导弹，发射架有LAU-88/A、LAU-88A/A三弹发射架、LAU-117/A、LAU-108/A发射架等。

各种载机携带的导弹数量，随其载弹量和作战任务而定，且各型导弹的作战使用方法亦不尽相同。电视制导型"小牛"导弹发射准备要求较高，飞行员启动制导系统陀螺仪，在其转速达到要求后，信号灯亮，搜索到目标后，飞行员解锁陀螺仪，同时下达命令，打开导弹电视摄像机目标防护盖，接通导弹电能供应，之后，在电视摄像机视野中显示的目标地形图像传送到飞行员座舱显示器上，飞行员进行机动飞行，使十字瞄准仪对准目标，在遥控指挥帮助下，锁定瞄准目标，然后发射。发射后的导弹由制导系统指令自动控制，从而保障飞行员在导弹发射后立即进行倾斜机动或攻击下一个目标。

热视制导型导弹发射程序与上述基本相同。接近目标后，飞行员根据状态要求选择武器，打开自导弹头防护盖，然后旋转陀螺仪、选择攻击目标、瞄准、发射。半主动激光制导型"小牛"，只能在地面或空中激光照射目标的条件下使用，载机飞行至既定攻击区域后，自导弹头开始搜索反射激光束，捕捉到后，自导弹头截获目标，开始自动跟踪目标，此时不再需要飞行员的指挥，发射距离由反射到导弹上的目标信号强度决定。总之，"小牛"导弹发射要求飞行员作好全面准备，其中包括心理计划，而且还要注意防范敌方地面防空兵器的火力攻击。

在海湾战争中，多国部队的A-6、A-10、AV-8B、F-16、F-4G、F/A-18等飞机共发射了5000多枚"小牛"空对地导弹，发射成功率为80%~90%，取得了较好的战果。其中，飞机总共发射了4800枚"小牛"式导弹，共摧毁1000辆坦克、

★AGM-65"小牛"导弹家族系列

2000辆其他车辆、1300门火炮；F-16战斗机发射了450枚"小牛"式导弹，击毁伊军360辆以上的装甲车。在发射的全部"小牛"式空对地导弹中，大约有2/3是红外成像制导型的AGM-65D，有1/3是电视制导型的AGM-65B。

用于打坦克的通常是红外成像制导型的AGM-65D，这种导弹的单价仅12.3万美元，而伊军的T-72坦克价值150万美元。一枚导弹换一辆坦克，这是使用灵巧武器影响大、经济效果好的范例。

此外，在2003年伊拉克战争中，美军飞机还首次挂载AGM-65G2完善型"小牛"空地导弹，使用新型程序保障系统和目标指示装置，装配可在发射前后搜索并截获目标的热视自导弹头。该型导弹在1999年南斯拉夫战争中得到初步试验应用，成功摧毁了坦克装甲设备、仓库、桥梁等目标，战斗使用效果约为97%，其前型号这一指标从未超过90%。

不过，AGM-65G改型导弹在从低空、中距发射攻击坦克目标时也出现了一些问题。这种导弹最初是为摧毁大型目标而研制的，如桥梁、掩体、电站等，美空军司令部并未计划用来攻击装甲设备，在伊战中积极应用的原因是G型"小牛"导弹战斗部威力较大，重135千克，是AGM-65D型战斗部重量的两倍多，无论是对小型还是大型目标，都有较高的战斗使用效果。

战事回响

◉ 美、俄空地导弹战略大对决

战略空地导弹是一种专门为战略轰炸机等大型机种设计的远程攻击型武器，重点攻击国家的政治中心、经济中心、军事指挥中心、工业基地、交通枢纽等重要战略目标，大多携带核弹头作为战略核威慑力量，部分改为常规型用于局部战争。现役和研制中的战略空地导弹均为空射巡航导弹，仅为美国和俄罗斯所拥有。从20世纪50年代至今，战略空地导弹已发展了四代。

第一代：飞机式布局结构

战略空地导弹的始祖，当属德国在第二次世界大战期间使用的V-1地地/空地巡航导弹。战后，美、苏、英等国能够迅速发展战略空地导弹，很大程度上是借助了德国的专业技术人员和试验生产设施。美国在发展战略空地导弹时，空射弹道导弹要稍早于空射巡航导弹，曾先后发展了"恶徒"KHGAM-63和"空中弩箭"AGM-87A远程空射弹道导弹，但终因导弹技术复杂而罢手，改为发展空射巡航导弹。

第一代战略空地导弹于20世纪50年代初开始研制，60年代初装备部队。主要型号有

★AS-2战略空地导弹

美国的"猎犬"AGM-28A远程空射巡航导弹、苏联的AS-2、AS-3、AS-4战略空地导弹，以及英国战后发展的"蓝剑"远程空射巡航导弹。这一代战略空地导弹采用飞机式布局结构，载有核弹头，体积大、笨重、命中精度低（圆概率误差900米～1800米）、突防能力差。大部分已退役。

第二代：性能有所改进

第二代战略空地导弹于20世纪60年代开始研制、70年代装备。第二代战略空地导弹在结构上摆脱了飞机式布局，以固体火箭发动机作动力装置，体积和重量减小、速度增大，命中精度和突防能力有所提高。这一代导弹均已停产，但部分仍在服役或作为库存。主要型号有：美国"近距攻击导弹"和苏联的KSR-5空射巡航导弹。

20世纪60年代中期，美国吸取"空中弩箭"空射弹道导弹被取消的教训，采取了较为稳妥的技术途径，发展一种风险小、成本低、性能好的战略空地导弹，这就是AGM-69A导弹。由于其射程比"猎犬"导弹短得多，故称为"近距攻击导弹"（SRAM）。它是美国战略空军司令部拥有的第二型战略空地导弹，用在B-52战略轰炸机上，突防时用来补充和取代"猎犬"导弹，压制地面雷达、地空导弹和其他重要目标，共生产了15000枚。考虑到核战斗部的安全性，该导弹从1990年12月起撤出地面警戒状态，转入库存状态。基本型AGM-69A弹重1016千克、长4.267米，最大射程160千米～222千米（高空），最大速度3马赫。

此外，还发展了SRAM-B/AGM-69B、SRAM-2/AGM-131A、SRAM-T/AGM-131B等改进型。该导弹采用无弹翼、尾翼控制气动外形布局，既可装常规战斗部、也可装W69、W80核战斗部；导弹命中精度高（圆概率误差为275米），不易受干扰；具有半弹道式和飞航式多种弹道，可实施多方向、多目标突防攻击。主要缺点是射程较近（400

千米），不能满足美国战略空军远程战略攻击的要求，因而被属于第三代的"空射巡航导弹"（ALCM）所取代。

继美国之后，苏联也于20世纪60年代初开始研制KSR-5（AS-6）空射巡航导弹，1970年进入现役。该导弹采用与Kh-22（AS-4）相似的弹体结构和气动外形布局，头部呈尖锥形，内装末

★Kh-55巡航导弹

制导雷达天线；弹体呈圆柱形，大后掠切梢的三角形弹翼位于弹体中部，后掠式梯形水平尾翼和带方向舵的大后掠梯形垂直安定面位于弹体后部。弹内装1台固体火箭发动机，采用惯性中制导加主动雷达末制导。战斗部为1000千克高爆炸药或35万吨级当量的核装药，飞行速度达3马赫，高空最大射程达到800千米，是苏/俄迄今为止体积和重量居第三位的战略空地攻击武器。

第三代：现役的主力战略空地导弹

第三代战略空地导弹于20世纪70年代开始研制，80年代开始装备部队。这一代导弹是美、俄现役的主要战略空地导弹，它们均采用高效小型涡轮风扇发动机，体积小、重量轻、射程远、精度高。典型型号有：AGM-86B空射巡航导弹（ALCM）、AGM-86C/D常规空射巡航导弹（CALCM）、Kh-55A/B亚声速巡航导弹。

AGM-86B空射巡航导弹（ALCM）于1982年12月服役，1986年10月停产，共生产1763枚。AGM-86B采用惯性导航加地形匹配修正制导，动力装置为1台F-107-WR0101型发动机，战斗部为W80-1核弹头。最大射程为2500千米~3000千米，巡航高度为8米~150米，巡航速度为0.6马赫~0.72马赫，圆概率误差为100米。美国目前的部署数量为1142枚，主要装备B-52H轰炸机，用于从防空区外攻击敌纵深目标。

AGM-86C/D常规空射巡航导弹（CALCM）是从1986年开始，在AGM-86B型核空射巡航导弹的基础上发展起来的。AGM-86C的气动布局、外形尺寸与AGM-86B基本相同，主要不同是：战斗部改用高能整体杀伤爆破弹；采用GPS/INS组合制导；改用推力更大的发动机；弹体多用复合材料，表面涂覆吸波材料。AGM-86C的发射重量为1360千克，最大射程为1500千米，巡航高度15为~100米，巡航速度0.7马赫，圆概率误差为13米。于1988年进入空军服役，1991年在海湾战争中首次使用，由B-52G战略轰炸机投射

了35枚，成为唯一投入实战的一型现代战略空地导弹。之后，AGM-86C在历次局部战争中都有出色表现，1999年科索沃战争中有13架B-52H共发射了约90枚，2003年伊拉克战争中共发射100多枚。

为进一步发挥AGM-86C对硬目标和地下目标的打击能力，提高命中精度（圆概率误差到3米）和隐身能力，美国对其进行分阶段改进，并发展了钻地型AGM-86D（已在伊拉克战争中使用）。后者的战斗部采用洛·马公司的整体钻地弹APU-3（M），同时对导弹的末段飞行剖面进行改进，使其能以几乎垂直的角度攻击目标。

俄罗斯空军装备的Kh-55A/B亚音速巡航导弹是一种装备"图-95MS"、"图-160"战略轰炸机的巡航导弹，用以攻击敌纵深战略目标，1984年开始服役。该弹现有Kh-55A/B（即AS-55A/B）两种战略型，以及Kh-55OTR战术型和Kh-65S/SA反舰型。Kh-55A/B采用正常式气动外形布局，中弹体为矩形中单翼，可后向折叠以便弹舱内挂；尾部有三角形水平尾翼和带方向舵的垂直安定面，均为折叠式以充分利用弹舱。战斗部为核装药或常规装药。制导系统为惯性制导加地形匹配修正，装有雷达高度表，可在离地200米高度低空飞行。导弹圆概率误差约45米。动力装置采用外挂式，在弹体后下方吊装1台涡轮风扇发动机。

Kh-55A导弹长6.04米，装有20万吨核弹头，发射重量1400千克，射程2500千米；一架"图-95MS"轰炸机机内旋转发射架可装6枚，还可外挂10枚；具有防区外发射、低空突防、精确攻击能力。改进型Kh-55B于1987年开始在"图-160"轰炸机上进行试验，1992年开始装备。主要改进是增大中段弹体直径以增加载油量，使最大射程增至3000千米，在"图-160"机内的两个旋转发射架上可装12枚Kh-55B导弹。

第四代：具有隐身突防能力

20世纪80年代以后，美、俄开始研制第四代战略空地导弹。这一代导弹更加注重增加射程和提高精度，并向隐身化方向发展。典型型号有：AGM-129A/B"先进巡航导弹"、KH-101空射巡航导弹、KH-101空射巡航导弹。

★简单改进型Kh-55巡航导弹正视特写

美国空军于1992年开始装备AGM-129A，1993年底停产，实际采购460枚。它是一种具有较强隐身突防能力的高亚音速战略空射巡航导弹，带W80核战斗部，用B-52H战略轰炸机发射，一架飞机可在翼下挂12枚。该弹采用独特的隐身气动外形布局，弹体和翼面均采用吸波复合材料和涂料。动力装置为F107-WR-100涡扇发动机。导弹飞行中段采用激光雷达高度表和地形匹配辅助惯性制导，末段用GPS进行精确位置和速度修正，从而提高了导弹的命中精度（圆概率误差为16米）和隐蔽飞行能力。弹长6.37米，发射重量1682千克，最大射程3000千米，使用高度15米～3000米。

AGM-129B是以AGM-129A为基础发展的常规对陆攻击空射巡航导弹，气动布局、外形尺寸、发射环境和设备均与后者相同。主要不同是，其战斗部和制导系统选用能满足常规作战任务需要的新型常规弹头和精确末制导系统。战斗部可能采用杀伤爆破弹或子母弹；制导系统将增加数字景象匹配末制导，提高AGM-129A的激光雷达分辨率，采用新的红外成像制导和数据传输系统。

KH-101空射巡航导弹是俄罗斯20世纪90年代以来研制成功、即将装备部队的新型隐身空射巡航导弹，最大射程5500千米，最大速度270米/秒，雷达反射截面仅0.01平方米，圆概率误差10米～20米，图-95MS和图-160战略轰炸机可分别携带8枚和12枚，弹头可穿透6.5米厚的混凝土。

战略空地导弹的未来发展

战略空射巡航导弹是美、俄战略空中力量的重要组成部分，两国均十分重视此类导弹未来的发展。除继续保持核威慑力量外，更加强调常规远程精确打击能力，以替代核武器、发挥战略威慑作用。未来的战略空射巡航导弹将更加注重增加射程和隐身化，以提高生存能力和突防能力；战斗部更小型化，毁伤威力更大；采用双向数据链通信、实现"人在回路中"，以提高打击精度和目标毁伤评估能力，从而提高灵活性。

美国正在对AGM-86B、AGM-129A巡航导弹以及W80弹头实施延寿计划。美国准备到2010年时部署15万枚高精度远程巡航导弹。它们可以在2500千米之外发射，然后紧贴地面飞行，在不被防空设施发现的情况下，隐蔽地攻击地球上任何目标，误差仅2米。目前美军正在研究替换现役空射巡航导弹的后继型号，很可能从JASSM的增程型、AGM-129B的改进型、AGM-86C的改进型中产生。后继型巡航导弹研究计划预计于2015年左右启动。

俄罗斯具有能与美国相匹敌的巡航导弹研制能力，而且，它的超声速巡航导弹技术居世界领先地位，并将继续保持这一领域的技术优势。同时，俄罗斯也意识到应把核遏制的重负从弹道导弹转移至巡航导弹。俄专家甚至表示，射程达5500千米的Kh-101还不是极限，俄罗斯现在完全有能力制造飞行距离达1万千米的巡航导弹。

第十一章

反坦克导弹

陆地之王终结者

沙场点兵：为坦克而生的导弹

反坦克导弹是用于击毁坦克和其他装甲目标的导弹，与反坦克火炮相近，它具有射程远、精度高、威力大、重量轻等特点。

反坦克导弹是第二次世界大战中研制成功的小型制导武器。1943年，纳粹德国陆军为了抵挡苏联红军强大的坦克攻势，在空军X-4型有线制导空空导弹方案的基础上，研制了专门打坦克的X-7型导弹。1944年9月，X-7基本研制成功，但未及投入使用德国就战败投降了。

反坦克导弹于20世纪50年代中期由法国率先投入使用，继而在众多国家掀起研制高潮。1946年，法国的诺德-阿维什公司开始研制反坦克导弹，1953年前后研制成功SS-10型反坦克导弹，并在1956年的阿尔及利亚战场上使用。SS-10型是世界上最早装备部队，最早实战使用的反坦克导弹。反坦克导弹初登战场便显示了它强大的威力。此后，诸多国家竞相研制，反坦克导弹很快发展了起来。

★X-4型空空导弹

在20世纪70年代后的多次局部战争中，特别是在中东战场上，反坦克导弹以其辉煌的战绩，证明了它的价值。

反坦克导弹的问世标志着反坦克武器从"无控"时代进入"有控"时代。尔后经历的历次局部战争，特别是海湾战争表明，反坦克导弹是当今最为有效的反坦克武器。

🌐 兵器传奇：反坦克导弹的前世今生

如今，反坦克导弹已发展到第三代，而第四代正处于研制之中。目前，第一代反坦克导弹基本已退出现役，仅在少数发展中国家还有装备；美、俄、英、法、德等国装备的反坦克导弹都呈现以第二代为主，二、三代并存的态势；大多数发展中国家装备的都是第二代反坦克导弹。

第一代反坦克导弹于20世纪60年代中期服役，典型代表有：苏制AT-1/2/3"甲鱼"、"萨格尔"导弹，美制"橡树棍"导弹，英制"旋火"导弹，法制SS-10导弹，日本的"64"式导弹等。

此时，反坦克导弹的技术特点是，战斗部采用高能炸药，最大破甲厚度为350毫

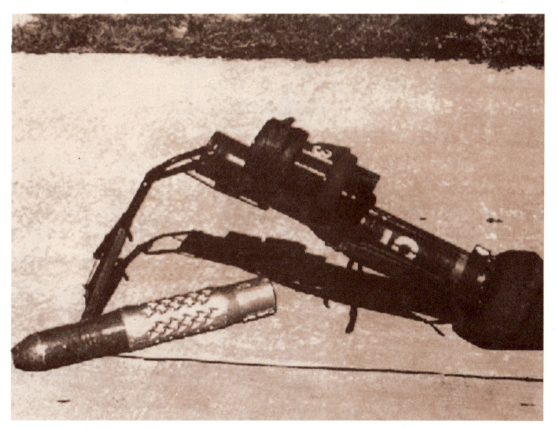

★"龙"式反坦克导弹

★印度"毒蛇"导弹

米～500毫米，制导方式为目视瞄准加有线制导指令，导弹发射平台大多为三脚架式发射平台。

第二代反坦克导弹的装备时间是20世纪60年代中期到70年代末。最著名的代表有：苏制AT-4/5"塞子"、"拱肩"导弹，美制"龙"式、"陶"式基本型、"陶"式改进型、"陶-2"型导弹，法、德联合研制的米兰、霍特导弹，日本的"79"式导弹等。此时，反坦克导弹的技术特点是，战斗部采用聚能装药战斗部，最大破甲厚度一般在500毫米～800毫米之间，少数型号达1000毫米～1300毫米，制导方式为目视瞄准加红外自动跟踪加有线传输指令，命中概率在85%～95%之间，导弹发射平台多种多样，有三脚架式、车载式和机载式发射平台。

第三代反坦克导弹的装备时间是20世纪70年代末到90年代初。典型代表有：苏制AT-6"螺旋"、"短号"导弹，美制"陶-2B"型、"海尔法"改进型、"标枪"导弹，英、法、德联合研制的"特里盖特"导弹，意大利的"麦夫"，印度的"毒蛇"导弹等。此时，反坦克导弹的技术特点是：战斗部采用聚能装药战斗部、攻击顶部装甲的战斗部或多级串联战斗部，最大破甲厚度一般在800毫米～1000毫米之间，并具有反复合装甲、贫铀装甲等先进装甲能力；制导方式为主动激光制导、激光驾束、红外成像制导或多模复合制导，具有"发射后不管"能力；重视导弹的一弹多用能力；采用先进的动力装置，进一步提高导弹的速度和射程；导弹发射平台多元化。

慧眼鉴兵：破甲先锋

反坦克导弹主要由战斗部、动力装置、弹上制导装置和弹体组成。

战斗部通常采用空心装药聚能破甲型。有的采用高能炸药和双锥锻压成型药型罩，以提高金属射流的侵彻效率。还有的采用自锻破片战斗部攻击目标顶装甲。破甲威力主要用静破甲厚度和动破甲厚度表示，有的导弹战斗部静破甲厚度可达1400毫米。

动力装置通常指安装在导弹上的发动机，用固体推进剂产生推力，以保证导弹获得所需的速度和射程。在导弹飞行的不同速度段上，发动机推力不同，起飞段（亦称增速段）推力较大，续航段推力较小。有的反坦克导弹上安装两台发动机，其中的起飞发动机赋予导弹起始速度，续航发动机用于保持导弹飞行速度。有的只装增速发动机，导弹增至一定速度后便作无动力惯性飞行。还有的只装续航发动机，导弹射出发射筒后具有一定速度，由续航发动机提供保持这一速度的续航力。

弹上制导装置是导弹制导系统的一部分，由弹上控制仪器、稳定飞行装置和控制机构等组成。其作用是将导引系统传输来的控制指令综合、放大，驱动控制机构，从而改变导弹飞行方向。寻的制导的反坦克导弹制导系统全部装在弹上。

弹体是具有一定气动外形的壳体，由弹体外壳、弹翼、舵和尾翼组成。多数导弹弹体头部为尖形或椭圆形，中间呈圆柱形，尾部是接锥形。弹翼通常为十字形。弹体气动布局有无尾式、正常式、尾舵式3种类型。无尾式弹体的弹翼兼做尾翼，舵在弹翼后缘，弹翼提供升力及稳定力矩。这类弹体结构简单，适合于弹身短的导弹，为大多数反坦克导弹所采用。正常式弹体的弹翼和尾翼分开，尾翼兼做舵，适用于弹身较长的反坦克导弹。中国红箭-8反坦克导弹就是采用这种弹体。尾舵式弹体没有弹翼，尾翼兼做舵，适用于超音速的反坦克导弹。制作弹体的材料通常用铝合金、玻璃钢或特种塑料。

海湾坦克的梦魇
——BGM-71"陶"式反坦克导弹

坦克杀手："陶"式反坦克导弹出世

"陶"式反坦克导弹是美国休斯飞机公司于1962年开始研制的一种管式发射、光学瞄准、红外自动跟踪、有线制导的第二代重型反坦克导弹武器系统。

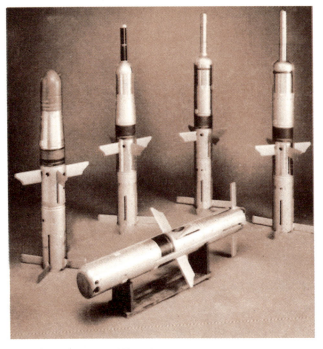

★ "陶"式反坦克导弹家族系列

"陶-1"型反坦克导弹，于1981年装备部队。"陶-1"导弹将发射管缩短到1067毫米，有利于克服在较大横向风条件下操纵发射装置的困难。为适应车载和直升机载的发射，将导弹射程从3000米增大到3750米。此外还配装了AN/TAS-4夜间瞄准具。战斗部内腔中安装了可伸缩的长约305毫米的圆柱形探针，可使炸高从原来的0.9倍弹径提高到3倍弹径。战斗部上装有压电开关，增加了战斗部起爆的可靠性。

"陶-2A"型于1987年装备部队，在"陶-2"的基础上采用了两级串联空心装药，提高了精度和威力，用于攻击披挂反应装甲的目标。"陶-2B"型于1992年装备部队，改进了发射制导软件，导弹可在瞄准线上方1米高度飞行。采用双级并列式自锻破片战斗部，用于攻击坦克顶装甲。

⊘ 机动灵活：破甲能力卓越

★ "陶-2A"反坦克导弹性能参数 ★

弹径：0.1524米	静破甲厚度：1030毫米
弹长：1.174米	动破甲厚度：300毫米/65度
弹重：28.1千克	发射速度：3发/分
最大射程：3.75千米	可靠性：97.7%
最小射程：65米	制导方式：有线传输指令制导
初速度：65米/秒	命中率：100%（射距0.5千米～3千米）
最大速度：360米/秒	90%（500米以内）
射击精度：±200毫米	

从外观上看，"陶"式反坦克导弹使用发射筒发射，弹和筒各有特点：反坦克导弹弹体呈柱形，前后两对儿控制翼面，第一对儿位于弹体上，四片对称安装，为方形，第

二对儿位于弹体中部，每片外端有弧形内切。"陶-2"以后的型号弹头加装了探针。发射筒亦为柱形，自筒口后1/3处开始变粗，明显呈前后两段，直升机载"陶"式导弹有二、四联两种，导弹封存于发射筒中、发射筒筒口两端略粗，中间细，筒尾部有一尺寸明显较小的突出部分。

"陶"式反坦克导弹的主要特点是发射平台种类多，可车载、机载发射，使用较为灵活。

"陶"式反坦克导弹的改进型比原型增大了射程，"陶-2"的射程由原型弹的3千米增大到3.75千米。

"陶"式反坦克导弹破甲能力突出，战斗部直径由原型弹的127毫米增大到

★"陶-2A"反坦克导弹的发射场面

"陶-2"的152.4毫米，重量由3.6千克增加到5.9千克。"陶-2A"采用串联式聚能装药战斗部，使破甲厚度从原来的静破甲厚度600毫米增大到1030毫米，具备了对付披挂反应装甲目标的能力。

"陶"式反坦克导弹的缺点是有线制导、射程受限，发射平台易遭敌方火力打击。

◎ 身经百战："陶"式反坦克导弹战功赫赫

"陶"式导弹参加了越南战争、中东战争、两伊战争和海湾战争。越南战争后期，美军AH-1攻击直升机使用"陶"式导弹攻击越军坦克，成功率在80%以上。

第四次中东战争中，以军在战争初期北线兵力不足的情况下，使用直升机载"陶"式导弹抗击叙军800多辆坦克的攻击，作用十分明显。

★作战演习中的"陶-2A"反坦克导弹

英军山猫直升机发射"陶"式导弹600多枚，击毁伊军装甲目标450个。

2003年，"陶-2B"反坦克导弹系统在伊拉克战争中首次接受了实战检验。当时美国海军陆战队在战斗中对伊拉克方面运输人员和装备的轻型卡车使用了"陶-2B"反坦克导弹系统。但"陶-2B"反坦克导弹系统在伊拉克的第一次使用无功而返，原因是对目标中心的瞄准点选择错误，结果导致自身的穿甲杀伤体在飞过目标之后才爆炸。导弹操纵员一开始推测是"陶-2B"反坦克导弹飞得太高，非触炸复合引信的传感器不能识别目标。后来专家注意到，"掠食者"近程反坦克导弹系统也存在这一问题。对"陶-2B"反坦克导弹作战使用的分析表明，传感器没有问题，而是需要修改瞄准点，即在目标中心以下选择瞄准点。在修改瞄准点后，BGM-71F导弹取得了良好的使用结果，这样就不需要对系统的软件进行修改了。

之后，配有"陶"式反坦克导弹的数百辆M901式导弹发射车、大批M2步兵战车、M3骑兵战车、AH-15直升机和英国参战的"大山猫"直升机等开始了胜利之旅。战争中，美第一陆战师从两个地段突破伊军防御后，受到伊军装甲部队的翼侧拦阻，车载"陶-2"式反坦克导弹在1200米~3000米距离上开火，共发射110枚导弹，93枚命中目标，摧毁了伊军炮兵阵地内的几十辆T62、T55坦克，配合M1A1坦克击溃了伊军。

🚫 以"陶"换人："陶"式反坦克导弹远走中东

用"陶"反坦克导弹换人质，这可能是导弹历史上的一个奇迹。

1985年9月15日，被一个黎巴嫩穆斯林组织扣做人质多日的美国律师本杰明·威尔获得了自由。他感到奇怪，扣他做人质的那个黎巴嫩组织与伊朗上层关系密切，而伊朗与美国关系很僵呀！威尔没有想到，是美国的"陶"式导弹换回了他。

事情的原委是这样的：当年6月，曾任美国中央情报局局长的威廉·凯西在调查一件事情时从老朋友约翰·沙欣口中了解到一个很有价值的信息。说的是两伊战争已进入第五个年头了，双方都遭受重大损失，双方都想快些取胜以结束战争。比较而言，伊拉克的地面武器装备要比伊朗的好一些。伊朗政府就想法儿从国外购买先进武器来对付。伊拉克的T-62、T-72坦克攻击力强。伊朗情报部门获知，美国的"陶"式反坦克导弹能击穿600毫米厚的装甲，而T-62前装甲厚不到250毫米，T-72前装甲厚不到500毫米，有了"陶"式导弹就能摧毁它们。可怎么弄到"陶"呢？

凯西从沙欣口中得知，伊朗想以促成人质交换为条件购买美国"陶"式导弹。凯西早就想有所作为，认为这是个可利用的好机会。他得到美国总统里根的国家安全事务助理麦克法兰的支持。麦克法兰对1980年那次德黑兰营救人质失败事件也负有责任，他也盼着做成一件新事来抵消那次失败的阴影。麦克法兰提出了"陶"换人质计划：先由以色列将"陶"式反坦克导弹转送伊朗，而后美国再补充以色列"陶"式导弹的库存量；伊朗得到"陶"式导弹后，便会促成囚禁在黎巴嫩的人质释放。

诺思将军负责执行麦克法兰的计划，他化名威廉·古德进入军火交易网络，与凯西是专线联系。接替麦克法兰职务的波因德克斯特为他的行动大开绿灯。他很快就同那位提供伊朗信息的军火商接上了头。军火商名叫马鲁切尔·戈尔巴尼法尔，曾为美中央情报局服务过，为人神通广大，却品质不高，口碑欠佳。但凯西和诺思并不排斥他。他们有"品质恶劣的人也是可以利用的"的经验。于是，诺思和戈尔巴尼法尔联手。经过几方面撮合，多次谈判，戈尔巴尼法尔满足了以色列先交款后送"陶"的要求。以色列按时收到500万

★ "陶"式反坦克导弹的发射瞬间

美元。紧接着，装有508枚"陶"式导弹的专机降落到伊朗指定的机场。伊朗方面说话算话，本杰明·威尔获得了自由。

白宫为威尔获释松了口气。凯西和诺思从介入军火交易中尝到了甜头。他们想继续干下去。还有5名人质在黎巴嫩，还得用"陶"来换。诺思又找到了戈尔巴尼法尔。

然而，美国有法津禁止向伊朗售运武器，得由第三国出面。诺思请葡萄牙借路，未说通，还是以色列愿帮忙。这期间，恰恰赶上美国国会拒绝对中央情报局支持尼加拉瓜反政府武装拨款，中央情报局特别缺钱。凯西提议卖"陶"赚钱。波因德克斯特居然同意了。诺思行动迅速。他在戈尔巴尼法尔的陪同下向伊朗最高领导人代表说明了意向。没多久，1000枚"陶"式导弹又空运到伊朗的一个秘密机场。

诺思等了几日。伊朗收到千枚"陶"后没能放回人质。他感到被人涮了，怒斥戈尔巴尼法尔言而无信。戈尔巴尼法尔不认账。他嘲弄地望着诺思冷笑，似乎在说：你有什么信用，我转给你们的1500万美元购"陶"款怎么大部分到尼加拉瓜了？他要诺思再运些"陶"给伊朗，便于他去伊朗催促多放人质。诺思同意了。

当伊朗收到又一批"陶"式导弹后，那个黎巴嫩组织释放了伦斯·詹费神父。但是詹费神父获得自由没几天，又一个美国人被绑架当了人质。人质交换没完没了，诺思很懊丧。

凯西、麦克法兰和波因德克斯特预感事情不妙，特别是在瑞士银行存下的巨额军火款一个月的利息就300万美元。那是瞒着美国国会的，传出去可不得了。他们马上以丧失工作能力为名将诺思送进医院，防止有人抓他什么把柄，闹出麻烦。

★"陶"式反坦克导弹

★正在上膛的"陶-2A"反坦克导弹

但事情还是露馅儿了。1986年11月2日，黎巴嫩的《帆船》周刊披露了一条震撼美国国会的爆炸性新闻，说美国向伊朗秘密出售"陶"式反坦克导弹云云。美国国会和司法机构随即开始调查追究，这就是"伊朗门"事件。

空地铁拳
——AGM-114"海尔法"反坦克导弹

◎ 激光导引头："海尔法"取代"陶"式

"海尔法"反坦克导弹是美国陆军装备使用的第三代反坦克导弹，其名称"海尔法"为"直升机发射的、发射后不管"的英文缩写的音译。"海尔法"取代"陶"反坦克导弹，装备新一代武装直升机，用以攻击坦克、装甲车、地下工事等坚固目标。

1970年，美国陆军分别与罗克韦尔国际公司和休斯飞机公司签订了研制激光制导反坦克导弹的竞争合同，经费均为230万美元。罗克韦尔国际公司的样弹是在该公司研制的"大黄蜂"电视制导空地导弹基础上改进的，1970年开始模式化导弹系统的方案研究，

1971年，"海尔法"开始探索性发展，1971年~1974年进行了大量试验，包括直接/间接瞄准发射、直升机载发射、夜间发射、快速发射、空/地激光交接照射（先空中照射、后地面照射）等试验，1975年进行鉴定试验，1971年~1975年共发射样弹56枚，41枚成功，其中29枚是激光制导试射，有21枚成功。

1976年，陆军选定罗克韦尔国际公司的样弹方案，与该公司签订6700万美元、为期五年的工程研制合同，并确定发展三军通用的激光导引头。同年，马丁·玛丽埃塔向美国陆军推荐其自筹资金研制的低成本激光导引头，同罗克韦尔国际公司的导引头方案进行竞争，并最终为美国陆军选中。

1978年第一个型号——AGM-114A首次从AH-1G"眼镜蛇"武装直升机上进行制导飞行试验，1979年从AH-64"阿帕奇"武装直升机上进行发射试验，1980年由美国陆军进行使用鉴定试验，1981年宣布完成生产准备工作，1982年正式投入批量生产，1984年年底向美国陆军交付第一枚作战用导弹，1985年才装备推迟进入现役的AH-64"阿帕奇"武装直升机。

在基本型基础上，美军发展了第一个改进型——AGM-114B，专用于美国海军陆战队。随后不断改进发展，形成了包含AGM-114A/B/C/F/K、AGM-114反舰型、RBS-17岸舰型、AGM-114L"长虹"等多种型号在内的完整的导弹系列，总共生产40000枚，其中AGM-114K占10833枚。该导弹曾在1991年初爆发的海湾战争中广泛用于攻击伊拉克的坦克、装甲车，共发射4000枚，取得了突出的战绩。该系列导弹中的岸舰型除卖给瑞典外，其机载型还将向加拿大、埃及、希腊、以色列、南非、韩国、沙特阿拉伯等国出口。

★机翼下的AGM-114"海尔法"反坦克导弹

⊘ 发射距离远：抗干扰能力强

★ **AGM-114A "海尔法" 反坦克导弹性能参数** ★

弹长： 1.779米	**破甲威力：** 1.4米
弹径： 0.1778米	**发射重量：** 43千克
翼展： 0.330米	**战斗部重：** 9千克、配触发引信
最大弹道高： 600米	**制导方式：** 激光半主动寻的制导、比例导引
最大射程： 8千米	**动力装置：** 单级固体火箭发动机
最大飞行速度： 1马赫	**推力：** 18.6千牛
可靠性： 95%	**贮存期限：** 10年
发射速度： 1发/6~8秒	**命中率：** 90%以上
最短发射间隔： 1秒	

从外观上看，AGM-114采取裸挂装方法配备直升机和地面发射车，识别较容易：弹体呈棍状，采用两组控制面，第一组位于弹体后部，四片对称安装，径向长度较大，前端有切角，翼展不大。第二组位于弹体前部，尺寸较小，呈方形。头部有激光束接收窗口，透明，可见内部装置。

AGM-114的主要特点是发射距离远、精度高、威力大。

AGM-114抗干扰能力强，采用激光制导。半主动激光导引头由马丁·玛丽埃塔公司研制，长0.330米，最大直径为152毫米，重达5.4千克，作用距离8千米，视场角±11度

★AGM-114 "海尔法" 反坦克导弹

★抗干扰性能较强的AGM-114"海尔法"反坦克导弹

（方位）、±8度（高低）。导引头采用陀螺稳定光学系统，球面反射镜表面镀金，探测器为雪崩式硅光电二极管，组成四象限阵列，光学系统为聚碳酸酯塑性件，滤光片位于聚焦平面上，17个头部线圈分别用于陀螺旋转和进动，跟踪目标并确定导引头框架位置，输出视线角速度和导引头框架角信号，并将目标直角坐标信号转换成极坐标信号，便于陀螺进动跟踪该目标，同时将导引头框架角信号变换成直角坐标形式，便于自驾驶仪和舵机控制导弹飞行。包括信息处理、陀螺进动功放、方式逻辑、陀螺驱动和解码（初期有6种激光编码）的7块电路板，呈三角形安装在结构支架上，中间留有38毫米直径的空间通道，供导弹命中目标时锥孔装药的喷流通过，以减少战斗部威力损失。

AGM-114导弹采用模块式设计，可根据战术需要和气象条件选用不同制导方式，配备不同导引头。其中有一种射频/红外导引头，专门用于对付配有雷达的防空导弹、高射炮武器系统。

AGM-114的唯一缺点是需目标照射保障。

🚫 扬威中东："海尔法"是"阿帕奇"的黄金搭档

AGM-114"海尔法"反坦克导弹于1989年在美军入侵巴拿马战争中首次使用，当时曾用于攻击巴拿马国防军司令部。

海湾战争中，该型导弹得到了广泛使用，主要配备在AH-64A"阿帕奇"攻击直升机和海军陆战队装备的AH-1W型"超级眼镜蛇"攻击直升机、"悍马"装甲突击车上。

海湾战争中"阿帕奇"打响了第一枪。1991年1月17日凌晨，"沙漠风暴"空袭行动前22分钟，美军的8架AH-64A武装直升机以低空飞行方式巧妙地躲过了伊军雷达网，隐蔽进入了伊拉克南部。发现伊军的两座重要预警雷达站后，8架AH-64A直升机分成两组，向着伊预警雷达站猛冲过去。驾驶员按动发射钮，一枚枚"海尔法"导弹喷着橘红色的火焰从天而降。伊预警雷达站在连续不断的爆炸声中飞上了天。这为多国部队空袭打开了一条安全通道，使大批战斗轰炸机从缺口进入，突然出现在巴格达上空。"沙漠风暴"行动由此展开。

在此后的战争中，"阿帕奇"直升机与A-10攻击机配合，曾在科威特北部地区一次就击毁了80辆行进中的伊军坦克，挫败了伊军的阻击行动。整个战争期间，击毁了伊军大量装甲目标和各类工事。战争期间，AH-64A共发射该型导弹2800余枚，击毁伊军各类目标2100多个。

在伊拉克的"不对称"战争中，美军对他们的王牌武装直升机"阿帕奇"和"海尔法"的依赖，已经到了无以复加的程度。无论是清剿地面的散兵游勇，还是摧毁大型的基地掩体，"阿帕奇"总是冲在最前面。

2003年3月24日伊拉克战争美军进攻巴格达的行动中，32架AH-64A"阿帕奇"武装直升机对驻守在卡尔巴拉的伊拉克共和国卫队"麦地那"师发动的猛烈攻击打响了巴格达之战的第一枪，"阿帕奇"发射"海尔法"并且在短时间内击毁了伊军的10辆坦克。

★机翼下方悬挂的AGM-114"海尔法"反坦克导弹

一去不回的长矛
——"标枪"反坦克导弹

◎ "标枪"出鞘：美国单兵反坦克导弹的革命之作

    "标枪"（JavelIn）是美国20世纪80年代末期开始研制的第四代反坦克导弹，1996年正式列装，取代现装备的"龙"式单兵反坦克导弹，能有效打击最新式的坦克目标。

    虽然美国是军事技术最发达的国家，但是从20世纪60年代以来，其军队就没有几型满意的步兵反坦克导弹。美军最早引进的是法国研制的SS-11反坦克导弹，不过这种导弹使用相当麻烦，不适合步兵携带和作战，一般都是安装在直升机或吉普车上。在越南战争中，美军的UH-1直升机携带这种导弹，后来因为导弹射程太短，使直升机不得不迫近越军火力点才能发射，所以很快就放弃了这种导弹。而那些安装在吉普车上的导弹也因为在发射时的弹尾高温气流导弹，要求射手远离发射架，导致射手经常不能迅速确定导弹和目标位置。这就是所谓的"弹尾风"问题。在1967年的作战中，美军出现多起因射手不能及时捕捉发射出去的导弹，而致使导弹无控飞行撞地的情况。

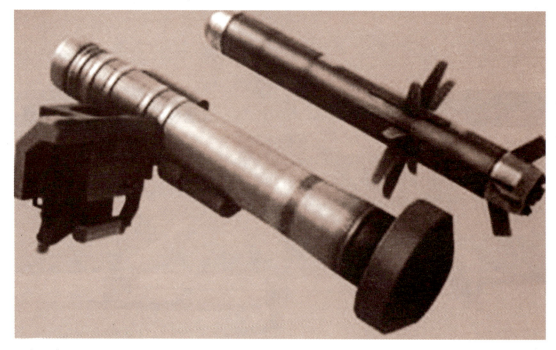

★"标枪"反坦克导弹

★ "标枪"反坦克导弹的发射瞬间

　　鉴于反坦克导弹在越南战场上的使用情况令美军非常不满意，于是美军在20世纪60年代中期开始自行研制。当时提出了两种导弹，其中单兵携带的轻型反坦克导弹为"龙"M-47，而重型车载反坦克导弹为"陶M-220"。发射时的"弹尾风"是影响导弹使用和射手控制导弹的重要因素，因此美军在这两型导弹设计时，都采用管式发射来消除"弹尾风"的影响。在发射管底部安装有起飞燃气发生装药，发射时由起飞装药将弹体推出发射筒，在飞离射手一定安全距离后，导弹发动机点火飞行。这种发射方式的好处是射手无须花时间去捕捉导弹位置，因此射击死角很小。这两种导弹都采用半自动瞄准线有线指令制导，分别于1970年和1974年装备美军部队服役。

　　"龙"式导弹作为美军第一种单兵反坦克导弹，在服役之初就被广泛应用于越南前线。美军步兵在越南战场并没有多少装甲目标可以对付，多数越军的坦克被直升机的"陶"式导弹击毁，或者毁于空袭，而步兵的"龙"式导弹多用于对付越军土木工事和火力点。打击固定目标时，美军步兵使用"龙"式导弹得心应手，而攻击运动车辆时，却倍感不便。美军士兵对"龙"式导弹在作战中屡屡出问题极不耐烦，经常将其丢弃在掩体中。原因是"龙"式导弹在弹体上对称布置了多个小型固体火箭发动机，这些发动机既是导弹飞行动力，又是控制装置，飞行中小发动机成对儿点燃，按照导弹制导指令点燃时间发生少许差异来调整导弹弹道。这种制导方式虽然成本低，且控制简单，但是由于固体发动机工作时间不受控，因此精度难以保证。在对越军车辆和船只等运动目标射击时，导弹经常出现大幅度的摆动。可悲的是美军对"龙"式不满，还不得不继续使用长达25年之久。在如此漫长的岁月中，美国陆军主要反坦克导弹是依靠重型车载的"陶"，单兵的"龙"在士兵眼里不过是被当成掩体爆破器材或远程狙击步枪而已。

　　1989年，对步兵便携反坦克导弹现状忍无可忍的美国陆军提出研制新型步兵反坦克导弹项目的要求，一时间美国各大公司纷纷竞标。最后"标枪"导弹成了各大公司产品集成出来的杂烩，不过这种办法使研制和开发周期极大缩短，而且可靠性很高。

　　1992年8月"标枪"导弹进行首次试验取得成功，1994年批量生产，1996年开始部署于佐治亚州的本宁堡陆军基地。"标枪"在反坦克导弹发展史上是一个里程碑，是一种"发射后不管"的反坦克导弹。美国军方认为，与驾束制导系统和光纤制导系统相比，"发射后不管"主要优点之一是它大大提高了近距离作战中参战人员的生存能力。在导弹的整个飞行期间并不要求操作手一直守在发射位置上，这样就避免了对方反步兵火力的杀伤。这些主要用于对付反坦克导弹射手的火力，通常在导弹发射后的7秒钟左右突然降临。以色列人曾经根据实战经验，制定了全套非常有效的杀伤反坦克导弹射手的战术。在历次战争中，以色列装甲分队采取行进间分配观察视角和火力射界，来及时压制反坦克导弹小组的战术非常成功。

◎ 双弹头设计：首款"发射后不管"的单兵反坦克导弹

★ "标枪"反坦克导弹系统性能参数 ★

弹长：1.08米	发射管长：1.198米
弹径：0.126米	发射管直径：1.421米
弹重：11.8千克	射程：约2500米
发射管重：4.1千克	

★ "标枪"反坦克导弹的发射演练

"标枪"反坦克导弹是陆军携行式武器，重量轻、弹体小，整套系统包括制导系统及射控主件约重22.7千克。

"标枪"反坦克导弹具备双弹头设计，可以同时引爆目标的表层防护，另一弹头则穿透装甲，深入破坏。每套系统都具有两种性能，一种是攻击装甲车车顶，一种是攻击直升机和碉堡等。射手可采用站、跪、卧及坐姿发射。

★军事演习中的"标枪"反坦克导弹

"标枪"导弹系统主要由发射包装筒、导弹和瞄准控制单元组成，其之所以能做到"发射后不管"，主要归功于导弹头锥玻璃罩内的焦平面热成像寻的器和图像识别处理。这是个64×64单元的汞镉碲阵列元件，对波段为8微米～12微米的红外辐射非常敏感，而且这一波段较之3微米～5微米波段的抗干扰能力强。射击前，射手将发射筒前盖取下，瞄准控制单元对准目标，当搜索到目标时按下锁定快门，这时的目标图像就是导弹攻击寻的蓝本。导弹射出后，无论是运动还是静止中的目标图像特征，在成像寻的器上都是连续变化的，处理单元就是依靠这些特征信号连续变化中的相关性，来自动识别和跟踪目标。"标枪"导弹的导引头得益于美军多年以来发展末敏弹药的技术储备，在反坦克导弹射程内对目标的寻的远比远程火箭炮或榴弹炮弹药来得容易，因此"标枪"的寻的制导非常可靠。

"标枪"系统有两种交战模式，攻顶模式主要用于反主战坦克和装甲车，正面攻击模式主要用于打击工事及非装甲目标。在进行攻顶作战时这种导弹以18度的高、低角发射，惯性助推装置完成助推的时间仅需几秒钟。射击时由瞄准控制单元测量目标距离，自动控制导弹弹道高度，以保证准确将目标套进导引头视角。由于标枪导弹采用管式发射和自动寻的，射出后马上就能自动导向目标。不过刚出管的导弹初速较低，舵效不明显，因此在最初100米内飞行动作比较迟钝，也不能做出大角度转向，因此将最初100米范围确定为最小射击距离，在此距离内，导弹不能保证有效命中，仅仅相当于一发火箭弹。"标枪"导弹的最大射程在2500米以上。导弹的瞄准控制单元有4倍、9倍白光瞄准和4倍红外夜间瞄准通道。

"标枪"导弹的战斗部充分考虑了如何对付目前主战坦克装甲。其战斗部为前驱波（预装药）弹头，预装药主要用于破坏反应装甲，而在其鼻锥形钼质套筒衬垫内装着的LX-14主装药，是用来摧毁主装甲的。目前很多国家的主战坦克没有顶部附加装甲，俄罗斯的主战坦克炮塔顶部有反应装甲，"标枪"的出现将引起各国对主战坦克顶部装甲的重视。"标枪"导弹的战斗部亦可以用来打击各种掩体、低速飞行的直升机等。由于"标枪"导弹自动寻的，飞行速度比有线制导的反坦克导弹快，能够满足攻击以每小时50千米～60千米的速度缓慢飞行的直升机。

◎ 战争中的"标枪"：一边改进一边实战

1995年"标枪"系统装备美军后，军方根据使用中发现的问题提出了改进计划。改进主要包括将导弹的重量降至15.9千克，以及生产6.6千克重的可以多次使用的指令式发射控制装置。此外，对导弹的主飞行发动机也作了改动，使用新型助推装药和飞行推进装药，使射程增大至4000米。军方提出用128×128焦平面红外成像探测器阵列替代64×64阵列，以增大导引头探测距离、强化抗干扰能力、引入跟踪自动决策和弹道自动选择功能，以增加武器系统攻击隐蔽物后的目标和装有主动防护系统的目标的能力等等。对于瞄准控制指令装置的改进计划包括增加自动目标提示，也就是增加一个信息数据终端，在其显示屏上自动显示标记射手视野内有可能出现目标的区域，对于光学通道的改进主要是加强图像增强与放大、自动聚焦、自动变焦、数字图像自理及自动稳定等功能。

进行这样的改进之后，射手就可以得到更大的范围内的目标活动情况和预警，对于选择作战目标非常有利。美军在第三阶段的"标枪"改进计划中，可能将集中改进瞄准控制指令装置的现场维护性能、提高装置自动化程度和可靠性，如就地处理和现场集成、自动电子调焦和自动稳定、聚焦、对比度和光亮度调节等等。"标枪"LRIP的可靠性论证工作已经完成，据统计，该系统的平均首发命中概率在94%以上。在1998年的试验中总共70枚导弹全部命中了靶车的炮塔。

★进一步改进的"标枪"反坦克导弹

美军在1995年接收了第一批"标枪"导弹系统，最早装备于第82空降师，1997年开始大规模生产和装备。目前，"标枪"反坦克导弹正在批量生产，已装备美国陆军、美国海军陆战队和澳大利亚武装部队，并且在近期的作战行动中得到了广泛使用。在伊拉克境内，美国及其盟国已经使用了1000多枚该导弹。2005年5月，美国陆军与雷声公司和洛克希德·马丁公司共同组建的"标枪"导弹联合企业又签订了一项价值9500万美元的合同，增购120套指令发射装置和1038枚导弹。该弹除装备美国和澳大利亚军队

★等待执行命令的"标枪"导弹

外，还有10个国家选择了"标枪"导弹。另外，世界上还有许多国家正在对其性能进行评估，以便利用它装备地面与海上平台，对部队的坦克、装甲车、以及其他武器平台进行更加有效的保护。

"标枪"导弹在伊拉克战争中得到了大量使用。在进攻巴格达的新闻镜头中，很多美军的M2步兵战车、M3骑兵战车都将原安装在炮塔左侧的双联装"陶"式导弹换成了四联装的"标枪"。美军机械化步兵也大量使用"标枪"导弹摧毁伊军火力点和观察哨所，甚至用来打击伊军狙击手。由于"标枪"可以攻击65米远的目标，因此比较适于在狭小地区作战，如巷战。但装备"标枪"的美军在作战中的最大优势是发射后能立即离开隐蔽，而使用"短号"的伊军射手，必须一直瞄准目标，直到导弹命中。采用管身发射的反坦克导弹最大缺点就是发射尾焰暴露射手位置，而通常线导导弹从发射到命中几乎需要近10秒的时间，过长时间在发射位置上，难免遭到火力杀伤。

以色列采取的战术，经常使埃及军队的导弹射手在发射后数秒就被坦克炮榴霰弹击毙，导弹失控撞地。为减少射手的暴露时间，美国和俄罗斯采取的是不同的思路。美国的"发射后不管"诞生了"标枪"，俄罗斯加大飞行速度、减少暴露时间催生了"短号"。

相对于伊军少量装备的俄罗斯产"短号"反坦克导弹来说，"标枪"射程稍短。但是美军一贯认为超过4000米的范围，步兵观察器材就难以捕捉到目标，因此单兵武器射程无须过远，超出这个距离一般呼唤炮兵进行打击。

在伊拉克战场上，不仅是国家间的对抗，也是技术与思想的对抗。两种迥异的反坦克导弹革命性成果在美索不达米亚平原上的较量不知是否能真正分出高低。

战事回响

◎ 声名显赫的"三代弹"——AT-14"短号"反坦克导弹

"短号"反坦克导弹是俄罗斯的轻型第三代反坦克导弹，可以说是"出身豪门"，由俄罗斯图拉仪器设计制造局研制，1994年10月首次亮相，代号为AT-X-14，用于取代有线制导的第二代AT-5"竞赛"式反坦克导弹。俄罗斯生产和装备了大量的"短号"反坦克导弹，并部分出口叙利亚。

★陈列的AT-14"短号"反坦克导弹

"短号"反坦克导弹弹径为152毫米，采用鸭式布局，前面有2片可以折叠的鸭式舵，弹体为圆柱体，尾部有4片折叠式梯形稳定翼。它的外形就像小型的AT-7"混血儿"导弹。"短号"的动力装置由1台起飞发动机和1台续航发动机组成，起飞发动机把筒装导弹推出发射筒后，续航发动机便开始工作，使导弹获得最大飞行速度240米/秒。"短号"导弹的最小射程为100米，最大射程达到5500米，夜间最大射程为3500米。为了对付不同的目标，"短号"反坦克导弹配备了两种战斗部，即9M133-1反坦克战斗部和9M133F-1多用途战斗部。

当攻击坦克，特别是披挂爆炸反应装甲的主战坦克时，使用9M133-1双级串联聚能破甲战斗部。导弹的结构与目前常用的新型反坦克导弹结构差不多，从前向后分别是：引信、前置小型战斗部、续航发动机、主战斗部、制导电子组件、起飞发动机和4片尾翼。前置战斗部用来击穿和引爆爆炸反应装甲，主战斗部用于击穿坦克的主装甲，可穿透1200毫米的轧制均质装甲，破甲厚度与弹径之比为8～8.5：1，可以摧毁所有装备附加或内置爆炸反

★军事演习中使用"短号"反坦克导弹的士兵

应装甲的现代和未来坦克，也可穿透厚达3米～3.5米的混凝土防御工事和建筑。9M133-1反坦克战斗部的前置战斗部和主战斗部之间的续航发动机，可以保护主装药不会被前置聚能装药破片和损毁的爆炸反应装甲碎片提前引爆，增大聚能焦距，增强穿甲能力。

当用于对付一般野战防御工事时，使用9M133F-1多用途燃料空气战斗部，利用"温压"效应，可以对各类掩体、碉堡、建筑物、无装甲防护的车辆和壕沟内的人员等予以摧毁和杀伤，也能对付战术导弹和防空导弹，机场飞机和水面舰艇等目标。该战斗部内装有铝粉，可以提高爆炸冲击波的超压，增强杀伤效果。

"短号"导弹采用半自动激光驾束直瞄制导系统。射手利用昼夜瞄准镜瞄准目标，同时激光照射器发出的激光束也照射目标，导弹自主"感觉"到所处激光束中的位置，不断产生修正指令，使导弹沿着激光波束轴线飞行，直至命中目标。该导弹可以单枚发射，也可两枚齐射。

"短号"反坦克导弹作为第三代反坦克武器，与第二代反坦克导弹相比，除了具有第二代反坦克导弹的一切优点外，还具有下面三个优点：

一是不受导线的限制，能够在坦克数倍射程外对付装备爆炸反应装甲的现代和未来坦克；二是具有多种用途，能够摧毁混凝土工事、各种轻型装甲车辆和建筑物；三是抗干扰能力强，在恶劣天气状况和敌人雷达/光学干扰的情况下，都具有优异的昼夜作战性能。这是基于激光驾束制导实现的，在恶劣环境下，发射系统的高能半导体激光器通过光学瞄准镜或热像仪为导弹提供制导和目标显示，因此，"短号"反坦克导弹具有在不同状况下对付各种目标的"即见即射"性能。

与世界上其他较先进的反坦克导弹相比，"短号"反坦克导弹性能优异，有许多自己的独到之处：

★AT-14"短号"反坦克导弹

★演习中等待发射的"短号"反坦克导弹

首先，该导弹使用方便，免维护，因此省却了配备高素质维护人员的必要。拿俄罗斯军官的话来说，就是"只要会打鸟，就会用'短号'"。

其次，与西方国家普遍使用的"发射后不管"的导弹相比，"短号"反坦克导弹采用"即见即射"的发射模式和激光驾束制导方式，能够确保导弹在最大射程发挥威力。对于西方普遍采用的长红外波段的热像仪来讲，无法对付与背景区别不明显的目标（如掩体、土质和木质碉堡、机枪掩体和其他工事），特别是在被动干扰的情况下，当导弹飞近目标时，目标的图像尺寸问题难以解决。

第三，"短号"反坦克导弹的抗干扰能力较好，不像"陶"式、"米兰"-2T、"霍特"-2T、"竞赛"反坦克导弹那样受到干扰后，导弹定位通道失效而使导弹效能大大降低，"短号"反坦克导弹能够完全避免俄罗斯"窗帘"-1式、以色列"小提琴"-1式光电干扰装置的干扰。而且，即便"短号"反坦克导弹的制导保密激光束交叉和平行，也不会影响对导弹的制导。

另外，"短号"反坦克导弹的使用经济性较好，西方"发射后不管"的反坦克导弹的价格要比"短号"反坦克导弹的价格高得多，高出5～7倍。

　　武器的历史可以追溯到原始人类刚刚学会使用石块和木棒的时期。在那个懵懂的时候，人类为了自身的生存，手中的猎食工具很可能在某些场合变成了部落之间相互残杀的武器。

　　现代兵器及兵器技术的发展也有几百年的历史。当人类告别血淋淋的冷兵器时代，满怀欣喜地迎接新时代到来的时候，那些新式兵器的发明者与使用者或许想不到，兵器技术的发展是一柄寒光闪闪的双刃剑。

　　一方面，对于兵器的使用者而言，兵器可以保护自己的利益，打击或威慑他国。但是与此同时，当兵器的拥有者越来越多，兵器便成为了威胁所有人生命的凶器。

　　在20世纪40年代，在多国专家的努力下，核武器诞生了，随后它与导弹进行了完美的结合。于是一种可以足以带给人类灭顶之灾的超级兵器问世了，那就是装载了核弹头的导弹。

　　核武器的威力我们都有所了解，而导弹更是让核武器如虎添翼，使其拥有了全球打击的能力。

　　据估计，现在全世界一共存有20000余个核弹头，有人说会把地球毁灭几十次。这个几十次的说法是否准确我们不得而知。也没有必要去争论，因为我们已经从历史中得知了核武器的威力，而且因为我们清楚地知道，人类根本一次都无法承受那样超大规模的毁灭性打击。即便是没有核弹头的常规导弹，其威力之大也是任何人都无法承受的。

　　在20世纪中叶，在面对"第三次世界大战是不是核战争"的提问时，为原子弹发明提供了理论奠基的著名科学家爱因斯坦先生做了如此精妙的回答："第三次世界大战怎么打我不知道，但我知道第四次世界大战的武器一定是棍棒和石块。"

　　以爱因斯坦为代表的那些当年参与发明核武器与导弹的先人，在后期都极力反对导弹和核武器的发展。

　　今天，我们在这里讨论导弹，在惊叹于导弹给我们带来的震撼力的同时，在想到要用导弹来捍卫自身利益的同时，在注重导弹发展进步的同时，是否还可以像爱因斯坦他们那样拥有新的思维呢？是否也应该注意到这种兵器对于包括我们在内的全人类的威胁呢？是否也该对导弹这种兵器的未来乃至我们自己的未来进行反思呢？

　　更多地了解，是为了更好地思考；更好地思考，是为了更多的和平。

主要参考书目

1.《导弹》，徐铭远主编，解放军出版社，2002年10月。

2.《美苏冷战的一次极限:加勒比海导弹危机》，杨存堂编著，广西师范大学出版社，2002年10月。

3.《霹雳神箭:导弹》，葛立德、黄文政编著，北京少年儿童出版社，2002年12月。

4.《导弹之最》，崔玉屏等编著，国防工业出版社，2003年4月。

5.《地空导弹武器系统概论》，杨建军主编，国防工业出版社，2006年10月。

6.《霹雳神箭——导弹100问》，杨学军、胡学兵主编，国防工业出版社，2007年1月。

7.《火炮和导弹（彩图版）》，田战省主编，北方妇女儿童出版社，2009年1月。

8.《军事迷集结号丛书：导弹全聚焦》，李杰、里士编著，江苏少年儿童出版社，2009年6月。

9.《百步穿杨——导弹》，夏军等编著，化学工业出版社，2009年2月。

10.《青少年应该知道的——导弹》，华春 编著，团结出版社，2009年11月。

导弹
MISSILES
千里之外的雷霆之击
THE CLASSIC WEAPONS

火炮
ARTILLERIES
地动山摇的攻击利器
THE CLASSIC WEAPONS

潜艇
SUBMARINES
深海沉浮的夺命幽灵
THE CLASSIC WEAPONS

枪械
FIREARMS
经典名枪的战事传奇
THE CLASSIC WEAPONS

坦克
TANKS
陆地驰骋的铁甲雄狮
THE CLASSIC WEAPONS

战车
CHARIOTS
机动作战的有效工具
THE CLASSIC WEAPONS

战机
WARPLANES
云霄千里的急速猎鹰
THE CLASSIC WEAPONS

战舰
WARSHIPS
怒海争锋的铁甲威龙
THE CLASSIC WEAPONS